EL GATO Y LA PREGUNTA

José Antonio Bustelo

INDICE

Introducción

Oxígeno. Además de ser un gas que forma parte del aire que respiramos, es el título de una obra de teatro escrita por los químicos Roald Hoffmann (Premio Nobel de Química en 1981) y Carl Djerassi (conocido como el "padre" de la píldora anticonceptiva). Ambos han encontrado en la dramaturgia un nuevo escenario (nunca mejor dicho) para su dilatada carrera en la comunicación de la ciencia.

En la obra, el comité sueco para los Premios Nobel de Química recibe un inusual encargo para celebrar el centenario del galardón: conceder un "Nobel retroactivo" para el candidato que mayor contribución haya realizado con anterioridad a 1901, año de entrega de los primeros Premios Nobel. Tras arduas discusiones, se decide que el descubrimiento del oxígeno (por la revolución que supuso para la ciencia química) es el hallazgo por el que se concederá el Nobel de Química retroactivo, pero la elección del candidato no resulta nada fácil. Tres científicos no vivos optan, al parecer, con méritos similares: Antoine Lavoisier, Joseph Priestley y Carl Scheele.

Esta deliciosa obra, rebosante de humor ácido, va alternando las escenas entre el año 2001 con las reuniones del comité, y el año 1777 con las conversaciones entre los tres científicos... y entre sus esposas, que tendrán mucho que decir con respecto a la decisión final. Tras su lectura, no pude evitar preguntarme qué otros científicos podrían ser candidatos a un hipotético premio retroactivo como éste por haber protagonizado una idea revolucionaria o un profundo cambio en el pensamiento humano. Y se me ocurrió tratar de buscarlos en otras dos disciplinas que, junto con la Química, estudian los sistemas naturales: la Física y la Biología.

Dentro de la Física, nadie dudaría que serían merecedores de un Premio Nobel retroactivo científicos como Galileo o Newton. No obstante, sin intención de restar importancia a las aportaciones de gigantes de la ciencia como éstos, deseo destacar la figura de un físico vienés: Ludwig Boltzmann. Para Boltzmann el siglo XIX era "el siglo de Darwin". El concepto de evolución de las especies es, sin duda, una de las grandes ideas de la historia de la ciencia, y Boltzmann tenía intención de aplicar esta idea a la Física para desentrañar la naturaleza del tiempo. ¿Qué hace que los sistemas físicos evolucionen espontáneamente en una dirección del tiempo y nunca a la inversa? Una taza de café se enfría espontáneamente y no vuelve a calentarse por sí sola. Un vaso que se rompe no es capaz de recomponerse desde sus pedazos. Los procesos naturales son irreversibles, sin posibilidad de vuelta atrás, y Boltzmann se centró en descubrir por qué sucede así.

En el campo de la Biología, y de existir un Premio Nobel para esta ciencia, el candidato idóneo ya resonaba en palabras del propio Boltzmann. Charles Darwin se familiarizó desde muy pronto con la selección que realizaba en la granja su tío Josiah Wedgwood. Eligiendo con esmero los animales que debía cruzar para lograr y mantener las características deseadas. El joven Darwin no tardó en plantearse que la naturaleza podría seleccionar a los individuos como lo hacía su tío. Las especies, aparentemente inmutables, sufren modificaciones a través de la selección natural.

En definitiva, la Física, la Química y la Biología han encontrado un punto de encuentro que permitirá unificar posturas. Hablar de evolución en sistemas naturales (físicos, químicos o biológicos) implica el papel creador del tiempo. Los cambios en el cauce de un río por la erosión, la liberación de oxígeno a la atmósfera por parte de un bosque, o la adaptación de especies a un ecosistema, son procesos naturales que, sin que exista un plan o esquema previo, el tiempo se encarga de hacer realidad. Los sistemas naturales se autoorganizan y, en especial, los seres vivos. De esta tendencia a la autoorganización de los organismos vivos, surge la pregunta que se hizo el físico Erwin Schrödinger por los años cuarenta. ¿Qué es la vida? Schrödinger era ya célebre por su contribución a la mecánica cuántica, la rama de la Física que estudia el extraño y paradójico mundo subatómico. Uno de los hechos más desconcertantes de las partículas subatómicas es que pueden comportarse indistintamente como ondas y como partículas, decantándose por un estado u otro en función de que las observemos o no. Schrödinger, para ilustrar lo extraño que resulta este mundo diminuto, imaginó un gato encerrado en una caja opaca con una ampolla de veneno. El gato estaría vivo y muerto simultáneamente, mostrándose de una manera o de la otra sólo después de que abriéramos la caja. Si el gato de Schrödinger nos siembra la duda sobre si está vivo o muerto, la pregunta de Schrödinger nos empuja a reflexionar acerca de qué significa estar vivo. Si desea conocer cuál puede ser el resultado de que un físico haga una incursión en la biología, para plantear una de las preguntas fundamentales de la historia de la Humanidad, le invito a continuar leyendo y descubrirlo.

Veleta (julio 1920)

[...] Las cosas que se van no vuelven nunca,
todo el mundo lo sabe,
y entre el claro gentío de los vientos
es inútil quejarse.
¿Verdad, chopo, maestro de la brisa?
¡Es inútil quejarse! [...]

Federico García Lorca

El minuto implacable

[...] Si puedes llenar el implacable minuto
con sesenta segundos que valga la pena recorrer.
tuya es la Tierra y todo lo que hay en ella,
y lo que es más, ¡serás un Hombre, hijo mío!

***If.* Rudyard Kipling**

El tiempo se desliza sin ser notado y engaña a los mortales

Leonardo da Vinci

En este mundo hay dos tiempos. Un tiempo mecánico y un tiempo corporal. El primero es tan rígido y metálico como un pesado péndulo de hierro que va y vuelve, va y vuelve, va y vuelve. El segundo gira y se ondula como un pez azul en una bahía. El primero es inflexible y predeterminado. El segundo elige el futuro a medida que transcurre.

Muchos están convencidos de que el tiempo mecánico no existe. Cuando pasan cerca del gigantesco reloj de la Kramgasse no lo ven; tampoco oyen sus campanadas mientras envían paquetes desde la Postgasse o caminan por entre las flores del Rosengarten. Llevan relojes de pulsera, pero sólo como un adorno o por cortesía hacia quienes se los han regalado. No tienen relojes en sus casas. En cambio, escuchan los latidos de su corazón. Atienden al ritmo de sus deseos y estados de ánimo. Comen cuando tienen hambre, acuden a su trabajo en la sombrerería o en la farmacia cuando despiertan, hacen el amor a todas horas. Estas personas se ríen de la idea de un tiempo mecánico. Saben que el tiempo se mueve a saltos y sacudidas. Saben que el tiempo avanza con una carga a la espalda cuando llevan deprisa al hospital a un niño lastimado o sostienen la mirada de un vecino víctima de una injusticia. Y saben

13

que el tiempo vuela a través de su campo visual cuando comen a gusto con sus amigos o reciben un elogio o yacen en los brazos de un amante secreto.

(24 de abril de 1905; *Sueños de Einstein*; Alan Lightman)

En los Alpes Marítimos, a unos 2.000 metros de altitud, existe una extensa red de galerías bajo el macizo del Monte Marguareis. En esta región, Michel Siffre comenzó a practicar la espeleología desde que era adolescente. En 1962, con 23 años, decidió estudiar un glaciar que su equipo había descubierto el año anterior, en la gruta Scarasson a 130 metros de profundidad. Aprovechando la estancia en la cueva, piensa realizar un experimento que arrojará luz sobre una ciencia emergente. La cronobiología, dedicada a la investigación de los ritmos biológicos, se encontraba en pleno desarrollo por su interés para los viajes espaciales. Michel decide finalmente pasar dos meses en la profunda sima para estudiar su ritmo vigilia-sueño en total aislamiento del exterior. Él mismo no se explica cómo se le pudo ocurrir algo semejante. Nadie hasta entonces había podido resistir más de unos pocos días, dos semanas en el mejor de los casos, en una cámara de aislamiento sin sufrir síntomas de depresión profunda y obligando a suspender la prueba. Sin embargo, pensaba que si el experimento tenía éxito, constituiría una gran aportación a este campo.

La experiencia debía ser tan fiable como una diseñada por la NASA, pero preparada con el presupuesto y los medios a su alcance. El 17 de julio de 1962 entregó su reloj de pulsera e inició el descenso. Sin referencia temporal del exterior, su única comunicación con la superficie la realiza a través de un teléfono. Michel hará una llamada cada vez que se despierte, cuando coma y cuando se acueste, indicando cada vez la hora que él estima que puede ser. Al llegar al fondo, monta su tienda de campaña y su saco de dormir. La temperatura es de medio grado bajo cero y reina una humedad del 98%. Una vez instalado establece su primera comunicación:

- Aquí el fondo, aquí Michel.
- Aquí la superficie. Son las diez de la noche. Operación Tiempo en marcha.

Tras una sola noche en la gruta, ya se encontraba desorientado. La humedad lo empapaba todo. Al tomarse la temperatura la lectura era de 34ºC, por lo que pensó que el termómetro estaba estropeado, cuando en realidad funcionaba perfectamente. Aunque dispone de un pequeño hornillo de gas, no se atreve a mantenerlo encendido mientras duerme por temor a intoxicarse con monóxido de carbono.

Todo a mi alrededor estaba absolutamente inmóvil. Lo único que se movía era el tiempo. Tiempo que intentaba medir cada día, sabiendo que fracasaba.

Sus horas de sueño eran los únicos momentos de placer. En la absoluta oscuridad, tardaba unos minutos en darse cuenta que estaba realmente despierto. Encendía la linterna y giraba la manivela del teléfono.

Su memoria le traiciona. Apenas puede recordar lo que había hecho un instante antes. Disponía de un pequeño tocadiscos, llegando a poner el mismo disco hasta diez veces. Trata de estimar el tiempo a través de sus sensaciones, según se sintiera cansado o hambriento, aunque sabe que entra en conflicto con su percepción.

La noche subterránea no es la noche cósmica. La opacidad es absoluta y aplastante. En este mundo de vacío sólo subsiste una cosa: mi pensamiento. ¿Permanecerá indefinidamente en esta nada?

Finalmente, el experimento concluyó. Era 14 de septiembre. Llaman a Michel para comunicarle la noticia y éste no puede creerlo. Cree que desde la superficie le están gastando una broma, e incluso se irrita pensando que le están mintiendo para obligarlo a salir. Michel, según sus cálculos, piensa que es 20 de agosto. Su tiempo psicológico se ha desfasado nada menos que 25 días con respecto al calendario. ¿Cómo es posible? En unas circunstancias tan extremas, sería lógico pensar que el tiempo debía hacérsele sumamente largo. Sin embargo, cuando Michel cree que le resta casi otro mes de permanencia en la gruta, ya era el momento de salir. El tiempo real transcurría dos veces más deprisa del que Michel percibía. Su mente parecía haberse insensibilizado por la monotonía de la vida subterránea y el descenso de la temperatura corporal. En su percepción, los días no habían durado más de 15 horas. Tras dos semanas en la gruta su organismo ya estaba completamente desincronizado. Tomaba el desayuno cuando eran las 7 de la tarde y se acostaba a última hora de la mañana.

Su organismo, en absoluto aislamiento del ciclo de luz y oscuridad, se había comportado como un reloj de gran precisión, pero marcando una duración del día de unas 24 horas y 30 minutos. Esto significaba que en cada jornada el reloj interno de Michel se desfasaba media hora con respecto al horario en la superficie. Así, tras los dos meses de permanencia el desfase había logrado acumular 25 días. Este reloj biológico con su propio ritmo de 24 horas y media es el encargado de regular los ciclos del organismo con la alternancia de vigilia y sueño.

Un tiempo variable en nuestro interior que transcurre a su propio ritmo, con independencia del marcado por los relojes. Pero, ¿qué sucedería si el tiempo, en lugar de discurrir a su aire, dejara de tener sentido? ¿Cómo condicionaría nuestra vida si dejásemos de ser conscientes del tiempo?

Siete segundos de memoria

Una mirada a los atestados tenderetes de la Spitalgasse dice lo que ocurre. Los compradores van de un puesto a otro, indecisos, y descubren qué se vende en cada uno. Aquí tienen tabaco, pero ¿dónde venden bacalao? Aquí tienen leche de cabra, pero ¿dónde hay sasafrás? No son turistas que visitan Berna por primera vez. Son los ciudadanos de Berna. Nadie puede recordar que hace dos días compró chocolate en una tienda llamada Ferdinand, en el número 17, o carne en la carnicería Hof, en el número 36. Tienen que averiguar de nuevo dónde está cada tienda y cuál es su especialidad. Muchos tienen mapas que los llevan de una arcada a la siguiente en la ciudad donde han vivido toda su vida, en la calle que han recorrido durante años. Otros llevan cuadernos en los que anotan lo que han aprendido mientras, por pocos instantes, lo recuerdan. Porque en este mundo la gente no tiene memoria.

Cuando es hora de volver a casa al final del día, cada persona consulta su agenda de direcciones para saber dónde vive. El carnicero, que ha cortado la carne de modo poco atractivo en su único día en el oficio, descubre que su casa está en el número 29 de la Nägeligasse. El corredor de Bolsa, cuyo escaso recuerdo del mercado le ha permitido hacer algunas excelentes inversiones, lee que vive en el número 89 de la Bundesgasse. Al llegar a su casa, cada hombre encuentra una mujer y unos hijos que esperan en la puerta, se presenta, ayuda a preparar la cena, lee cuentos a los niños. Del mismo modo, cada mujer que vuelve de su trabajo encuentra un marido, hijos, sillones, lámparas, cierto papel pintado en la pared, cierto diseño de la vajilla. Por la noche, más tarde, el marido y la mujer no se entretienen en la mesa para hablar del trabajo del día, la escuela de los niños, la cuenta bancaria. Se sonríen, sienten el ardor de su sangre, el mismo dolor entre las piernas que sentían cuando se encontraron por primera vez quince *años atrás. Dan con el dormitorio, trastabillan entre fotografías familiares que no reconocen y pasan la noche lujuriosamente. Porque sólo el hábito y la memoria apagan la pasión física. Sin memoria, cada noche es la primera noche, cada mañana la primera mañana, cada beso y cada roce son los primeros. Un mundo sin memoria es un mundo del presente.*

(20 de mayo de 1905; *Sueños de Einstein*; Alan Lightman)

"Sé lo que se siente al estar muerto. El día y la noche son lo mismo. No tengo sueños ni pensamientos de ningún tipo". Esta es la terrible afirmación que realiza sobre su día a día Clive Wearing, un director de orquesta británico y especialista en música antigua. En marzo de 1985 sufrió una infección vírica que acabó dañando irreversiblemente su hipocampo, la parte del cerebro encargada de la formación de nuevos recuerdos. A causa de ello, Clive sufre desde entonces *amnesia anterógrada*, uno de los casos de amnesia más graves del mundo que le impide recordar lo que ha sucedido unos minutos antes.

Clive vive en una unidad de lesionados cerebrales a las afueras de Londres y Deborah, su esposa, lo visita una vez al mes. Deborah comenta que "si Clive saliera a la calle sin compañía, sin vigilancia, sería como si saliera de una nave espacial sin cable de sujeción, de manera que ya nunca podría volver". Para Clive cada momento es el primer momento, puesto que transcurrido un período de tiempo que nunca es superior a unos siete segundos, ha olvidado por completo cualquier acontecimiento que haya presenciado. En una ocasión en que era entrevistado por un periodista para realizar un documental sobre su caso, Clive pudo disfrutar de un almuerzo con su esposa e hijos. Unos minutos después de que su familia se hubiese marchado, el periodista le preguntó: "¿ha disfrutado de la reunión con sus hijos y su mujer?", a lo que Clive respondió: "No he visto a mi mujer ni a mis hijos desde que estoy enfermo. Usted es el primer ser humano que veo en veinte o treinta años".

Clive lleva un diario con el que trata de encontrar sentido a su vida, en el que realiza múltiples entradas cada día en un intento por captar su primer momento consciente: *10:06 am. Despierto por primera vez.* Más tarde vuelve a su diario, tacha la anterior anotación pues ni la reconoce ni recuerda haberla escrito, y añade en el siguiente renglón: *10:09 am. Verdaderamente despierto por primera vez.* Páginas y páginas de una sucesión constante de asombrados despertares. Escarba con el lápiz cada vez con más fuerza, tratando de atrapar más de un instante a la vez, pero nunca puede.

Generalmente concebimos el paso del tiempo por el suceder de los acontecimientos. La enfermedad ha provocado que el tiempo para Clive no signifique absolutamente nada, ya que le resulta imposible grabar en su memoria los acontecimientos de su vida. El mundo en el que vive es un mundo incognoscible en el que no se puede generar conocimiento, en el que no se crean recuerdos, en el que no es posible aprender. Un lugar sin tiempo es incluso un lugar sin emociones, pues como el propio Clive afirma "echo de menos mi vida anterior, pero no soy consciente de ello. Nunca he estado aburrido o triste. Nunca he estado de ninguna manera. Sin embargo, no es difícil de sobrellevar porque es como estar muerto. Estar muerto es fácil".

¿Tiempo? ¿Qué tiempo?

¿Qué es, por tanto, el tiempo?
Sé de sobra lo que es siempre que nadie me lo pregunte.
Aunque si alguien lo hiciera, en el intento de explicarlo
me vería desconcertado.

Agustín de Hipona

¿Qué tiempo es el correcto? ¿A qué nos referimos cuando hablamos de tiempo? ¿Quizá el que marcan los relojes? ¿O quizá el reloj biológico descubierto por Michel Siffre?

Albert Einstein, con motivo del fallecimiento de su estimado amigo Michele Besso, comentó a su viuda: "Michele se me ha anticipado en dejar este mundo, pero no tiene la menor importancia. Para nosotros físicos convencidos, el tiempo no es más que una ilusión, por persistente que ésta sea". Como quiera que lo definamos, lo cierto es que el tiempo es algo complejo e inaprensible. Mientras para Einstein es una ilusión, para Clive Wearing carece de sentido. Incluso, parafraseando a Borges, podríamos decir que el tiempo "es sólo una maldita cosa detrás de otra".

Desde la antigüedad la concepción del tiempo como un ciclo ha estado muy arraigada. La alternancia del día y la noche, las fases de la Luna, la sucesión de las estaciones contribuyen a introducir en la cultura la mentalidad cíclica asociada a estos fenómenos. Cada ciclo sigue a otro en un proceso infinito. Ya en el hinduismo existe el precedente de los *kalpas*, períodos con una duración de unos 4.320 millones de años que señalaban el nacimiento y la desaparición del mundo. El número de kalpas era indefinido, de manera que se repetían innumerables ciclos de creación y destrucción. Curiosamente, cuenta con una inscripción en el Libro Guinness de los Records como la mayor medida de tiempo de la que se tiene referencia.

Aristóteles relaciona por primera vez tiempo y movimiento: el tiempo es el número, la medida del movimiento según el antes y el después. El tiempo es una categoría necesaria para el hecho del movimiento y para el estudio del mundo físico. No obstante, para el pensamiento humano, el tiempo no deja de ser una gran paradoja: parte del tiempo es pasado y ya no existe, y la otra parte es futuro y no existe aún, reflexiona Aristóteles.

Un salto esencial en la concepción del tiempo vendrá de la mano de la tradición judeocristiana. La persona ya no es considerada prisionera de los ciclos, sino que se encuentra en peregrinación hacia el devenir y espera con intensidad el próximo cambio del mundo. Es la idea del tiempo lineal que realza el valor del futuro e introduce la esperanza. Al colocar el tiempo sobre una línea, se divide la época actual y la que ha de venir mediante el hecho singular de la llegada del Mesías. En el caso de la religión cristiana es la crucifixión de Jesús como suceso único e irrepetible el que marca esta frontera en la línea del tiempo.

Cuando en 1687 Isaac Newton se decide finalmente a publicar sus descubrimientos sobre las leyes del movimiento y el cálculo matemático, inicia su obra *Philosophiæ Naturalis Principia Mathematica* (Principios matemáticos de la Filosofía natural) con una pequeña aclaración:

No defino el tiempo porque es bien conocido por todos. Sólo debo señalar que el hombre común no concibe esta magnitud bajo ninguna otra noción que no sea la relación que mantiene con objetos sensibles, y de ello surgen ciertos prejuicios para cuya eliminación será conveniente hacer la distinción entre lo absoluto y lo relativo; lo verdadero y lo aparente, lo matemático y lo vulgar.

Como persona precavida, Newton no intenta definir qué es el tiempo, pero distingue entre el que percibe el ser humano, mediante el suceder de los acontecimientos (tiempo aparente y subjetivo), y el tiempo absoluto:

El tiempo absoluto, verdadero y matemático en sí mismo y por su propia naturaleza, fluye de manera uniforme y sin relación alguna con nada externo, y se conoce también con el nombre de duración; el tiempo relativo, aparente y común es una medida sensible y externa de la duración por medio del movimiento, y se utiliza corrientemente en lugar del tiempo verdadero; ejemplo de ello son la hora, el día, el mes, el año.

Desligado de los elementos subjetivos, el tiempo de Newton es intuitivo y convincente. Más allá de la percepción que a veces nos sugiere que el tiempo fluye de manera desigual, el sentido común nos advierte que debe existir un patrón uniforme que nos permita medir de manera imparcial la duración de un suceso o el tiempo transcurrido entre dos eventos cualesquiera. El sistema newtoniano tuvo gran éxito pues consolidó la idea de leyes de la naturaleza gobernadas por la evolución en el tiempo. Así, conociendo el estado de un sistema físico en un determinado instante, podría predecirse cualquier estado que hubiera tenido en el pasado y cualquiera que pudiera tener en el futuro. La historia cósmica está escrita: saber cuándo ocurrió un eclipse de sol, o determinar el paso del siguiente cometa se vuelve un conocimiento transparente para el ser humano.

Paradójicamente, el triunfo del sistema newtoniano despoja al universo de la necesidad del tiempo. Si tanto el pasado como el futuro pueden estar contenidos en una ecuación, se puede prescindir de la noción de tiempo. El antes y el después aparecen escritos en el momento presente para quien sepa leerlos.

Un mundo sin historia

En cuanto al destino, que algunos ven como el amo de todo, el sabio se mofa. En efecto, más vale aceptar el mito de los dioses que someterse al destino de los físicos. Porque el mito nos deja la esperanza de reconciliarnos con los dioses mediante los honores que le tributamos, en tanto que el destino posee un carácter de necesidad inexorable.

(Carta de Epicuro a Meneceo)

En una de las tres únicas cartas escritas por Epicuro que han llegado hasta nosotros, el filósofo griego refleja, 21 siglos antes que naciera Newton, la terrible percepción de un destino irremediable, un devenir ya escrito. Si el dominio de las leyes de la naturaleza permite predecir tanto el antes como el después, ¿significa que el futuro está dado y no en perpetua construcción? La ciencia niega el tiempo porque no lo necesita para explicar el mundo. Entonces, ¿es la experiencia humana del tiempo una ficción, un sueño que parece real?

La problemática del tiempo también aparece en los intentos por explicar la formación de la Tierra. El geólogo James Hutton interpretaba que junto a los efectos de erosión de mares, ríos y lluvias, de carácter destructivo, debía existir un proceso constructivo que identificó con la elevación de la corteza terrestre. Erosión y elevación repetidas en ciclos ilimitados de construcción y destrucción. La disgregación del suelo mediante las aguas lleva los sedimentos al océano, cuya compactación genera el calor suficiente para que la penetración del magma produzca elevaciones del terreno, generando continentes en los antiguos mares. En el transcurso de estos ciclos, mar y tierra intercambian sus lugares. Con esta concepción, Hutton fue consciente de la inmensidad del tiempo geológico: estos procesos requerirían millones de años en lugar de los pocos miles que, en esa época, se estimaba tenía la Tierra. Pero el descubrimiento de este tiempo profundo trajo consigo una paradoja: la sucesiva creación y destrucción modelaría un mundo sin historia, pues tras cada ciclo quedaría eliminado todo vestigio anterior para volver a empezar "sin rastro de comienzo, sin previsión de final".

De la misma manera Charles Lyell, uno de los fundadores de la Geología moderna junto a Hutton, imagina un mundo cíclico de duración indefinida e ilimitadas repeticiones:

> Entonces podría volver aquel género de animales cuya memoria se preserva en las viejas rocas de nuestros continentes. Podría reaparecer en los bosques el terrible iguanodonte, y en los mares el ictiosauro, y los pterodáctilos volverían a revolotear umbrías arboledas de grandes helechos.

A causa de este ensueño de Lyell, en el que fantaseaba con la posibilidad de que algún día regresase la época de los dinosaurios, el también geólogo Henry de la Bêche lo caricaturizó llamándolo "profesor Ictiosauro". En realidad, este intento especulativo trataba de remarcar la estabilidad en la complejidad de la vida. Para Lyell la aparición de los distintos animales forma parte de un gran círculo que siempre dará una vuelta más, y no un sendero lineal hacia el progreso. Así, nos hallaríamos en el invierno del "gran año" dentro del ciclo geológico de los climas. Unas condiciones ambientales duras requieren especies de sangre caliente. Pero de nuevo vendrá el verano del ciclo del tiempo... y podría volver aquel género de animales.

Sin embargo, aunque continúe siendo una visión cíclica del mundo, Lyell la dota de historia. Sostiene que las mismas causas que modelan el planeta hoy día son las que han actuado en el pasado (teoría conocida como *gradualismo*), y los procesos del pasado sólo pueden observarse en la congelación de sus resultados, observables en el presente. El propio Charles Darwin comenta: "Por mi parte, siguiendo el pensamiento de Lyell, veo el registro geológico natural como una historia del mundo imperfectamente conservada y escrita en un dialecto cambiante; de esta historia sólo poseemos el último volumen concerniente únicamente a dos o tres países. Sólo aquí y allá se ha conservado un breve capítulo, y de cada página sólo aquí y allá unas pocas líneas".

La historia del tiempo profundo requería ser contada, y Lyell iba a dar con la manera de hacerlo. Intentarlo a través de las rocas sería infructuoso pues son simples objetos formados con las leyes de la química. Pero la vida es lo bastante compleja para cambiar en una serie de estados sin repetirse. Aunque se desconocía cómo sucedían estos cambios, constituiría un criterio crucial. Lyell propone estudiar el porcentaje de fósiles de especies vivas de moluscos (ya que son abundantes) en los distintos estratos del suelo. Cuanto menor fuera el porcentaje encontrado de especies actuales, más antiguo sería el estrato. Por ejemplo, en capas de suelo de hace 55 millones de años, sólo el 3% de los fósiles correspondían a especies vivas en la actualidad, mientras que en estratos de 5 millones de años de antigüedad la proporción ascendía al 90%. Todo esto cuando el pensamiento estadístico se encontraba aún en su infancia. Al desarrollar este sistema de datación, Lyell se convirtió en el historiador del ciclo del tiempo.

Había quien no estaba de acuerdo con el punto de vista de Hutton y Lyell. El naturalista Georges Cuvier negaba el gradualismo, pues la investigación de los fósiles mostraba la desaparición o transformación aparentemente brusca de algunas especies, que no concordaba con el pensamiento de cambio gradual. Esta era la teoría del *catastrofismo* que abogaba por una historia geológica fundamentada en sucesos puntuales o catástrofes que transformaron la Tierra. En tales períodos se habría producido la extinción de las especies existentes y su sustitución por otras. Los catastrofistas no reconocen el tiempo como un ciclo, sino como una flecha. Hechos concretos e irrepetibles modifican la faz de la Tierra para siempre, sin posibilidad de vuelta atrás ni repeticiones cíclicas ¿Cómo ocurrieron las cosas en ese tiempo profundo de la Tierra? ¿Cambios continuos e imperceptibles que se acumulan o catástrofes que marcan un antes y un después? ¿El propio concepto de tiempo era el mismo?

Encuentro con Orfeo

Finalmente, no debemos perder la alegría pura y simple de descubrir un pasado que había desaparecido de nuestra vida: «Mientras tanto, el encanto del primer descubrimiento es propio y nuestro, y al ir explorando este magnífico campo de investigación, el sentir de un gran historiador de nuestros tiempos (Niebuhr, autor de Historia de Roma*) podrá estar continuamente presente en nuestras mentes: "aquél que le da vida a lo que se ha desvanecido, disfruta de una alegría como aquélla de crear"».*

**Stephen J. Gould
citando a Lyell, que cita a Niebuhr**

Seis mil años es un intervalo de tiempo muy considerable si lo comparamos con la duración de una vida humana. Hasta mediados del siglo XVIII, ésta era la edad de la Tierra según lo calculado por los relatos de la Biblia. Pero tuvimos que preparar nuestra mente para imaginar períodos de tiempo mucho más amplios, tanto como inconcebibles pudieran parecernos. En los años cincuenta, el origen de los seres vivos se había extendido 540 millones de años atrás, momento en el que se produjo la gran explosión de vida que indicaba la abundancia de fósiles hallados en Inglaterra y Gales. Este período, conocido como *Cámbrico* (de Cambria, el nombre que los galeses dan a su país) es en el que los animales y la vida misma parecían haber surgido de forma repentina. Pero cuando el paleobotánico Elso Barghoorn descubre indicios de bacterias en rocas a orillas del Lago Superior (Canadá), ese instante se desplaza hasta los 2.000 millones de años. Más adelante, en los años 70, el propio Barghoorn encontró microorganismos fósiles en Sudáfrica datados en 3.400 millones de años. La vida ha sido compañera de la Tierra desde casi su principio.

Actualmente, estamos familiarizados en emplear el *Gigabyte* (que equivale a mil millones de bytes, siendo el byte la unidad básica de almacenamiento de información) para designar la capacidad del disco duro de nuestro ordenador. Una unidad similar es la que debemos emplear para abarcar la historia de la Tierra, sustituyendo los bytes por años. Un *Giga año* (Ga) equivale a mil millones de años, y la edad de nuestro planeta abarca 4,5 veces esta cantidad. Resulta sorprendente que la duración de un kalpa se acerque tanto a estos 4.500 millones de años.

El aspecto que presentaría nuestro mundo 4,5 Ga atrás resulta difícil de imaginar. De hecho, es poco conocido que la Tierra tuvo dos versiones y que habitamos en la segunda. En la nube primordial que originó el sistema solar, las rocas se amontonan hasta tener el tamaño de un balón de baloncesto. Se unen unas a otras. Alcanzan el tamaño de montañas. Chocan. Este proceso dura unos 100 millones de años hasta que terminan de formarse todos los planetas. Cercano a la Tierra se encuentra Orfeo, un astro del tamaño de Marte. Su órbita, muy próxima a la terrestre, se desestabiliza cada vez más y la colisión es inevitable. Puede que la vida ya hubiera surgido en esta Prototierra, incluso que también apareciese en Orfeo, pero tras el choque no hay nada que sobreviva. Orfeo se desintegra y la segunda versión de nuestro planeta comienza su historia desde cero. El impacto entre los dos mundos sucede de manera fortuita pero trascendental para el futuro. Si el astro colisionante hubiera chocado de lleno contra la Tierra, el material expulsado habría formado anillos que hubieran acabado cayendo hacia ésta. Sin embargo, el impacto resulta lo suficientemente oblicuo para que el material puesto en órbita quede lo bastante lejos de la gravedad terrestre y acabe consolidándose en un período de cien años. La Luna acaba de nacer.

Arthur C. Clarke opinaba que "es inapropiado llamar Tierra a este planeta, cuando es evidente que debería llamarse Océano", ya que el agua cubre sus tres cuartas partes. Sin embargo, este nombre alternativo le hubiera ido mejor a la Tierra en versión primera. El mundo destruido por Orfeo estaba inundado bajo tres kilómetros de un océano a escala planetaria. Ante la imposibilidad de vida terrestre, quizá el desarrollo de vida inteligente lo hubieran protagonizado los pulpos o los calamares. Pero el sacrificio de Orfeo fue aún más allá. Con el impacto, la mitad de los océanos se volatilizaron hacia el espacio, generando una nueva atmósfera. Además, introdujo enormes cantidades de hierro que al reaccionar con el agua produjeron hidrógeno, el nutriente básico para las primeras formas de vida.

Sucedió en Vaalbará

Hace 4,2 Ga la Tierra en segunda versión se encontraba a caballo entre dos concepciones del tiempo muy diferentes. Los acontecimientos geológicos, de extrema lentitud, y la rápida rotación del globo que originaba un día de apenas seis horas de duración, en lugar de las veinticuatro actuales. El papel de la Luna al estabilizar la rotación de la Tierra resulta fundamental, pues consigue enlentecer y equilibrar el giro del planeta a costa de ir alejándose de él. Convierte a la Tierra en un reloj que atrasa cada vez más. Sin la influencia de la Luna, el clima caótico y extremo de la Tierra habría imposibilitado la evolución de la vida como la conocemos. No obstante, el aspecto del planeta en ese momento era desolador: una actividad volcánica incesante, una superficie bombardeada por meteoritos con una temperatura media de 290ºC en la que no podía existir agua líquida, pero en la que no podían desatarse incendios al no existir oxígeno en su atmósfera. La observación del cielo debía ser espectacular, de un intenso color anaranjado y con una descomunal Luna que estaría quince veces más cerca de la Tierra que en el presente. La cercanía de nuestro satélite provocaría mareas de rocas y magma. Con este panorama, se albergarían serias dudas de que este inhóspito lugar llegara a ser el planeta azul adecuado para la vida. La densa atmósfera, con un 98% de dióxido de carbono, generaba un efecto invernadero brutal. Pero pronto la combinación del dióxido de carbono con los minerales para formar carbonatos hizo descender la presencia de este gas. Con ello, el efecto invernadero disminuyó haciendo bajar la temperatura reinante y permitiendo la formación de los océanos. El primer gran cambio climático estaba dado.

Hace 3,8 Ga, la duración del día se ha alargado hasta las ocho horas debido al freno que suponen las intensas mareas para la rotación de la Tierra. Cada pleamar es un inmenso tsunami a causa de la cercanía de la Luna. En este mundo, aún extraño y salvaje, surge el primer continente del que se tiene constancia: Vaalbará. Se habría formado por la unión de porciones de tierra denominadas *cratones*[1], situados en lo que hoy son Sudáfrica y Australia occidental. Y sucede lo más asombroso: la transición de la materia inanimada a lo que conocemos como vida. Con toda probabilidad, la vida no apareció por primera vez en un único momento y lugar, sino que tuvo su origen varias veces en zonas diferentes, hasta que un medio ambiente en continuo cambio permitió que se consolidara. Y una vez más, hace 3,5 Ga, un segundo cambio climático, y el primero

[1] Masas continentales consolidadas en un pasado muy lejano, formadas por rocas arcaicas.

provocado por la materia viva, estaba en ciernes. Mutaciones sufridas por una variedad de microorganismos denominados *cianobacterias* les permitió, literalmente, alimentarse de la luz del sol.

Los seres vivos requieren carbono e hidrógeno para fabricar sustancias como los azúcares. Estas bacterias mutantes desarrollaron un proceso denominado *fotosíntesis* que les permitía emplear una fuente de energía segura y abundante (la luz solar) en la transformación de la materia inorgánica (carbono e hidrógeno) en productos orgánicos para su desarrollo. El invento de la "energía solar", utilizada por todas las plantas y las algas, fue en realidad una innovación bacteriana, el episodio evolutivo más importante en la historia de la vida. No obstante, incluso una estrategia tan brillante como esta se encontró con dificultades. El carbono, aunque había disminuido, continuaba presente en la atmósfera, pero el hidrógeno escapaba hacia el espacio y era cada vez más escaso. Ni el producido por la actividad volcánica era ya suficiente para las crecientes poblaciones de bacterias. La enorme capacidad adaptativa de estos microorganismos dio una nueva vuelta de tuerca. De la misma manera que habían logrado aprovechar la luz solar como fuente de energía inagotable, consiguieron una fuente de hidrógeno igual de abundante: el agua.

Romper la molécula de agua para escindirla en sus dos componentes (hidrógeno y oxígeno) no es nada fácil. Requiere una gran cantidad de energía, pero las bacterias lo consiguieron aprovechando la luz solar de una manera aún más eficaz. Sin embargo, la consecuencia de este proceso es que el oxígeno desprendido del agua se convierte en un desecho que comienza a acumularse. El planeta entero se oxida ante la presencia del nuevo elemento.

Al principio no constituyó un problema, ya que el oxígeno liberado por la fotosíntesis se combinaba con los minerales del suelo, pero hace 2,5 Ga, su presencia en la atmósfera aumentaría hasta niveles alarmantes. El oxígeno provocó una crisis de contaminación a nivel mundial, ya que es un tóxico que llevaría a la extinción de la gran mayoría de los microorganismos. Resulta paradójico que un logro de supervivencia como la fotosíntesis fuera quien pusiera en peligro la continuidad de la vida. Sin embargo, éste sólo es el comienzo. El día se ha prolongado hasta las trece horas de duración. La fragmentación de Vaalbará da lugar a la formación del supercontinente Kenorland, que concentra todas las tierras emergidas. La luminosidad del Sol es un 20% menor que la actual, y el aumento del oxígeno atmosférico junto a las intensas lluvias desploman los niveles de metano y dióxido de carbono, gases de efecto invernadero. Se avecina una de las mayores glaciaciones de la historia de la Tierra. Mirovia, el superocéano que rodea Kenorland y que ocupa el resto del globo, se congela hasta profundidades de dos kilómetros. Los glaciares llegan hasta el mismo ecuador.

El azar y la necesidad

En ningún lugar se encuentra la naturaleza en su totalidad
tanto como en sus más pequeñas criaturas.

Plinio

La vida en la Tierra es una historia tan interesante
que uno no puede permitirse el lujo de perderse el principio,
donde tuvieron origen todas las innovaciones.
El mundo resplandece como un paisaje puntillista
hecho de diminutos seres vivos.

Lynn Margulis

Todas las conquistas del mundo bacteriano han sido posibles gracias a un manejo muy particular del tiempo. Las bacterias no necesitan heredar las mejoras adaptativas generación tras generación, aunque también fueron las inventoras del sexo, pero con un concepto muy alejado del que generalmente concebimos. El sexo, como lo define la biología, es la mezcla o unión de genes de distinta procedencia. Esto significa que cuando un virus nos infecta, está practicando sexo con nosotros. Inserta su genoma en el de nuestras células y las convierte en máquinas de multiplicación en beneficio propio.

Sin embargo, las bacterias no requieren del sexo para reproducirse, ya que se multiplican por simple división generando una célula hija idéntica a la célula madre. La actividad sexual la realizan intercambiando genes entre células vecinas, y no por transmisión de padres a hijos. Así, su capacidad de adaptación a condiciones cambiantes es enorme, ya que pueden beneficiarse de nueva información genética dentro de la misma generación sin tener que esperar a reproducirse para heredar las mejoras genéticas. Este intercambio de material genético les resultó especialmente útil para reparar los daños en el ADN provocados por la exposición a los rayos solares. A pesar de ello, sin la aparición del oxígeno, la vida nunca hubiera logrado ir más allá de una capa de tapetes microbianos cubriendo las rocas. El gas tóxico había provocado una anomalía planetaria que iniciaría una nueva era.

Tras la fragmentación de Kenorland, el nuevo supercontinente, Columbia, sería testigo de las innovaciones evolutivas que estaban por llegar. Hace 1,8 Ga el día se había estirado hasta las dieciséis horas. El nivel de oxígeno en el aire había superado ya el 10%, y comenzaba a formarse en las capas altas de la atmósfera un gas de color azulado que condicionaría la ocupación de las tierras emergidas: el *ozono*.

El azar de las mutaciones espontáneas sufridas por las bacterias fotosintéticas hizo que se pudieran cubrir sus necesidades siguiendo otro camino. Cuando el tiempo disponible es muy grande, lo aleatorio puede generar un orden diferente. Este es el enorme poder del tiempo profundo. Desde luego, si la evolución tuviera como única meta la supervivencia de los mejor adaptados, se hubiese detenido en las bacterias. Pero el azar abre nuevas posibilidades que la vida no tarda en explorar. Un suceso como la liberación de oxígeno a la atmósfera, que provoca la primera extinción masiva, surge como un problema imprevisto que permite una nueva manera de hacer las cosas.

La radiación ultravioleta es otro ejemplo de problema que forma parte de la solución, multiplicando la creatividad del mundo vivo. En las partes altas de la atmósfera, esta radiación procedente del Sol ocasiona la rotura de moléculas de oxígeno, compuestas por dos átomos, posibilitando que se generen nuevas moléculas compuestas de tres átomos. Este gas formó la capa de ozono que desde entonces sirve como filtro a los dañinos rayos ultravioleta. De esta manera, las bacterias resistentes al oxígeno pudieron poblar la superficie terrestre, extendiendo su hábitat más allá de las aguas estancadas y los lodos que ocupan aquellas que no toleran la luz o el oxígeno. Ante esta nueva situación, las cianobacterias volvieron a apuntarse otro de los mayores logros del mundo biológico al inventar un sistema metabólico que requería la acción del gas tóxico, conocido como *respiración aerobia*. De igual forma que un combustible arde al combinarse con el oxígeno del aire, desprendiendo energía en forma de calor, la respiración consiste en una combustión controlada de los nutrientes para que los organismos obtengan una cantidad de energía mucho mayor que la conseguida a través de la fermentación.

Como indica el químico medioambiental James Lovelock, "el nivel actual de oxígeno es para la Biosfera lo que supuso la electricidad para el estilo de vida del siglo XX. Se podría pasar sin ella, pero las potencialidades quedarían muy reducidas". Sin la producción de nutrientes y oxígeno a partir de la luz del sol nunca hubieran podido evolucionar los animales y las plantas. La anomalía cósmica en que se estaba convirtiendo la Tierra la distingue completamente de sus planetas vecinos. Liberada de la acción del tiempo que la conduciría al mismo destino inerte que Venus y Marte, nuestro mundo está irremediablemente atrapado en los procesos de la vida. La Tierra viva consigue revertir los efectos del tiempo.

Gaia

Si una hipotética civilización extraterrestre deseara saber si existe vida en nuestro planeta, no necesitaría enviar una nave a explorar su superficie. Le bastaría con analizar la composición de nuestra atmósfera para cerciorarse de ello. A mediados de los años sesenta, Lovelock trabajaba como asesor de la NASA en experimentos para detectar vida en Marte. En el inicio de sus investigaciones, comenzó estudiando la atmósfera terrestre y se preguntaba cómo era posible que contuviera metano, cuando este gas en presencia de oxígeno reacciona rápidamente y debería estar en cantidades indetectables. La persona que resolvió a Lovelock esta interrogante fue la bióloga Lynn Margulis, aclarándole que las bacterias metanógenas, habitantes de suelos con aguas estancadas y del estómago de los rumiantes, son las responsables de su producción. La atmósfera de la Tierra está, por tanto, originada y regulada por la vida. En esto consiste la *hipótesis de Gaia*[2] formulada por Lovelock, que considera la Biosfera como el mayor de todos los ecosistemas en el que la vida se encarga de crear condiciones adecuadas para sí misma, al modificar el entorno y autorregular factores como la temperatura, la composición de la atmósfera o la salinidad de los océanos.

En este mundo extraño, antes de que Columbia se fragmentara para dar lugar a Rodinia, el nuevo supercontinente, la Biosfera se dividió de manera repentina en dos dominios completamente diferentes: Procaria y Eucaria. El primero de ellos había dominado el planeta de manera exclusiva durante 2.000 millones de años, y es al que pertenecen las bacterias que originaron los profundos cambios para la evolución de la vida. En este dominio de los *procariotas* aparecieron variadas estrategias ante la crisis que

---

[2] Gaia es la diosa griega de la Tierra.

originó la aparición del oxígeno. Dentro de todas las interrelaciones que surgieron entre las bacterias, un tipo de simbiosis[3] abriría un nuevo capítulo de la vida en la Tierra.

Atrapadas como presas o actuando como parásitas, las bacterias que utilizaban el oxígeno para obtener energía establecieron una extraña alianza con células distintas a ellas. La bacteria invasora aprovechaba los residuos y aportaba energía a la célula hospedadora a cambio de alimento y cobijo. Como consecuencia de esta íntima participación, se establecieron relaciones permanentes hasta tal punto que estas comunidades bacterianas se hicieron tan arraigadas que llegaron a ser organismos individuales estables, los *eucariotas*.

Esta es la manera en que Margulis propuso explicar la súbita aparición de la célula eucariota, constituyente de todos los animales y las plantas. La teoría recibió el nombre de *simbiogénesis*, pues planteaba el origen de un organismo nuevo a partir de una asociación bacteriana. De esta manera, Margulis destacó que las mutaciones al azar no son la única fuente de variedad evolutiva, sino que la simbiosis también puede ser un potente motor de la evolución. Interrelaciones que alcanzan su mayor escala en Gaia, la asociación de todos los seres vivos a través del aire, la tierra y el agua.

La muerte programada

Aunque se las puede matar con el uso de antibióticos, las bacterias generalmente no mueren. Mientras dispongan de agua y nutrientes, prosiguen su crecimiento celular mediante división indefinidamente. Las primeras en verse obligadas a renunciar a esta

---

[3] Asociación de beneficio mutuo entre organismos de diferentes especies.

inmortalidad fueron las cianobacterias, para salvaguardar un elemento esencial en la continuidad de la vida.

La actual atmósfera terrestre posee un 21% de oxígeno, y separando una pequeña fracción compuesta por gases como argón, dióxido de carbono y vapor de agua, el restante 78% está ocupado por un gas muy poco reactivo, el nitrógeno. Entra y sale de nuestros pulmones sin modificarse y sin que nos resulte necesario para respirar. De forma directa, no nos aporta nada y, sin embargo, su presencia mayoritaria en el aire asegura que la vida pueda seguir adelante. El nitrógeno forma parte de las moléculas orgánicas constituyentes de todos los organismos, como las proteínas o el ADN. Este nitrógeno atmosférico es fijado por las cianobacterias y transformado para que pueda ser asimilado por las plantas, y de ellas a los animales. Sin embargo, este nitrógeno transformado es muy soluble y acabaría perdiéndose para siempre en el fondo de los océanos si otro tipo de bacterias (las desnitrificantes) no lo recuperaran para devolverlo al aire. La atmósfera es, en realidad, un enorme reservorio de nitrógeno para uso biológico.

Las cianobacterias fijan el nitrógeno mediante unas células especializadas, los *heterocistes*, que no tienen la capacidad de multiplicarse. Su muerte está programada genéticamente. Un nuevo pulso del tiempo como tributo por evolucionar: convertirnos en mortales. No obstante, donde la muerte programada está mucho más desarrollada es en los eucariotas, como la célula de levadura, que no puede reproducirse indefinidamente. Cada vez que se forma una yema que da lugar a una nueva célula, se forma una cicatriz. Cuando acumula muchas cicatrices, la célula de levadura no puede continuar reproduciéndose y muere. Los animales y las plantas han llevado la muerte celular aún más lejos. Las células que forman el cuerpo mueren al acabar la vida del individuo, mientras que las células reproductoras son las únicas potencialmente inmortales ya que pueden dar lugar a un nuevo organismo.

Reproducirse a pesar del sexo

Si tuviera ocho horas para talar un árbol,
pasaría seis afilando el hacha.

Abraham Lincoln

Cabe preguntarse si la reproducción sexual constituye verdaderamente una ventaja a nivel evolutivo. Una célula masculina que se fusiona con una célula femenina para originar un nuevo ser. A primera vista, no parece ofrecer las posibilidades adaptativas del sexo bacteriano, que recordemos no está ligado a la reproducción. Cuando las bacterias necesitan reproducirse la célula se divide en dos individuos idénticos, célula madre y célula hija, y cuando requieren beneficiarse de mejoras adicionales, practican sexo para transferirse información genética de sus vecinas. Si fuéramos capaces de practicar sexo como las bacterias, no necesitaríamos buscar descendencia. Elegiríamos a un amigo para transferirnos genes mutuamente. Así, yo conseguiría, por ejemplo, curar una anemia falciforme que padecía, y mi amigo lograría liberarse de la diabetes que sufría. Esta es la biotecnología desarrollada por las bacterias hace 3.000 millones de años, una "manipulación" genética libre y muy extendida, con una importancia vital para generar variedad y nuevas posibilidades a la evolución.

No obstante, es evidente que la reproducción sexual empleada por animales y vegetales ha constituido un éxito en la historia biológica. Los biólogos piensan que ha perdurado porque también constituye una fuente de variedad, al combinarse genes procedentes de dos individuos. Sin embargo, Margulis opina que los animales y las plantas se han diseminado por el mundo *no gracias*, sino *a pesar* de la reproducción sexual. Este sistema requiere producir células con la mitad de la carga genética. Al fusionarse dos células de este tipo procedentes de dos individuos (uno masculino y el otro femenino), tiene lugar la fecundación y el restablecimiento de la carga genética completa para el nuevo ser. ¿Por qué surgió esta clase de reproducción? La simple división celular que utilizan las bacterias es un método de multiplicación sencillo y que exige menos tiempo y energía. La respuesta puede estar en una amenaza tan antigua como la propia vida, el hambre.

Ante la falta de alimento, nuestros antepasados bacterianos no dudarían en recurrir al canibalismo. En algunos casos la presa pudo no haber sido digerida completamente, uniéndose el material genético de presa y depredador. También es posible que, en algunas ocasiones, la célula duplicara su genoma preparándose para una división que finalmente no se producía. En cualquier caso, la duplicación del material genético era una anormalidad y una carga de la que la célula debía librarse. De manera que se las ingeniaron para, al dividirse, legar a sus células hijas sólo la mitad de su genoma. Como consecuencia de esto, con el tiempo acabó siendo necesario recurrir a la fusión de dos células para completar la información genética.

Fueron necesarios 3.500 millones de años para que la evolución bioquímica hubiera terminado. Con sus innovaciones, las bacterias habían transformado la superficie terrestre y la atmósfera, preparando al planeta para la evolución hacia la complejidad. El supercontinente Rodinia acaba de formarse, rodeado por Panthalassa, el nuevo superocéano global. Lo que en el futuro será el norte de África se encuentra en pleno Polo Sur. El día dura dieciocho horas.

La moda bacteriana

La Tierra se convirtió en un planeta vivo con la Era de las Bacterias y, como afirmaba el paleontólogo Stephen Jay Gould, a pesar de millones de años de evolución continuamos en la Era de las Bacterias, pues de estos organismos depende el mantenimiento de las condiciones adecuadas para la vida. Las células eucariotas son comunidades bacterianas, las plantas se asocian a través de sus raíces con bacterias para fijar nitrógeno atmosférico, y los animales (en especial los rumiantes) son en realidad el hábitat de considerables poblaciones bacterianas.

A este respecto, Gould hablaba de la moda bacteriana. No se refería, claro está, a que las bacterias estuvieran de actualidad en las revistas, ni a que marcaran tendencia en las pasarelas. Estaba describiendo el concepto estadístico de *moda*, que hace referencia al grupo más numeroso de todos los que se analizan. Las bacterias superan astronómicamente la población de cualquier otro ser vivo. Ni el holocausto provocado por el oxígeno, ni ninguna de las cinco grandes extinciones posteriores que ha sufrido la Biosfera, con la desaparición de más del 95% de las especies, han supuesto una merma considerable para ellas. La profusión de lo pequeño ha creado y mantiene a Gaia.

Como ya vimos, esta vida pequeña y temprana ha acompañado a la Tierra desde poco después de su formación. Si reducimos la historia de la Tierra a la duración de un año en el que la formación del planeta sucediera a las 00:00 horas del 1 de enero, las primeras formas de vida habrían surgido a las 18:40 horas del 25 de febrero. Las células eucariotas no aparecerían hasta el 7 de agosto. El día de Navidad señalaría la desaparición de los dinosaurios. El género Homo, al que pertenece el ser humano, haría acto de presencia el 31 de diciembre a las 19:20 horas, para llegar a poner un pie en la Luna ese mismo día a las 23:55. Este calendario refleja un hecho insólito. El paso de la materia inerte a la materia viva necesitó mucho menos tiempo que el requerido para el paso de la célula procariota a la eucariota. El camino hacia la complejidad ha sido más largo que el de la aparición de la vida.

Ante tantos sucesos fortuitos como el impacto de la Tierra con Orfeo, la invención de la fotosíntesis ante la falta de alimento o la catástrofe del oxígeno que abrió posibilidades insospechadas, cabe preguntarse de dónde brota esa tenacidad de la vida para automantenerse y expandirse. ¿Cómo consigue eludir la degradación que supone el paso del tiempo, y hasta sacar provecho de acontecimientos que la habrían puesto en peligro?

La pregunta de Schrödinger

Algo escribe, dibuja, se mide a si mismo: es una alucinación que llaman "naturaleza"

Étienne Jules Marey

Estamos más cerca de las leyes del universo que de las de Roma.

Joseph Brodsky

La vida es, sin ninguna duda, el accidente supremo. Cada suceso en la historia de nuestro planeta está marcado por diferencias, ambigüedades, mezclas y experiencias. Y la vida se reconstruye ante cada cambio, concibe respuestas antes que surjan las preguntas, y arrastra consigo a su entorno en cada nuevo camino que abre. "Nada tiene sentido en biología si no es a la luz de la evolución", afirmaba el genetista Theodosius Dobzhansky. Si la Biosfera conecta toda la vida a través del espacio, la evolución la conecta a través del tiempo. La evolución (o *transmutación*, como

41

Darwin la llamaba) dota a la vida de historia. Una historia que se escribe en lugares extraños, y que obtiene su capacidad creadora tanto del orden como del caos.

El 5 de febrero de 1943, el salón de conferencias del Trinity College de Dublín estaba atestado de dignatarios, diplomáticos, representantes del gobierno irlandés y de la Iglesia, artistas, famosos y estudiantes. Querían escuchar al Premio Nobel Erwin Schrödinger, el célebre científico refugiado de Austria. La primera de un ciclo de tres conferencias se titulaba "¿Qué es la vida? Aspectos físicos de la célula viva". Había dirigido su mente intuitiva hacia una de las más ambiciosas cuestiones: entender la vida como un sistema físico.

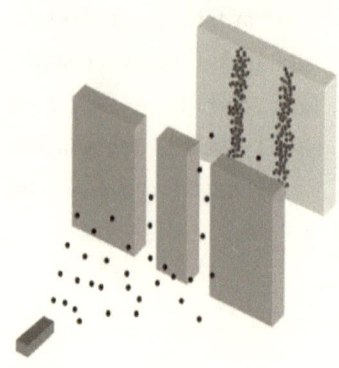

Figura 1. Experimento de la doble rendija con partículas

Schrödinger ya había profundizado con éxito al describir el impredecible comportamiento de las partículas subatómicas. Los experimentos que se habían realizado para tratar de comprender este diminuto e insólito mundo ofrecían conclusiones desconcertantes. En concreto, se aplicó el experimento ideado por Thomas Young para determinar si la luz estaba compuesta de partículas o de ondas, pero empleando un haz de electrones. El

Figura 2. Experimento de la doble rendija con ondas

diseño se componía de una fuente de electrones, una placa con dos finas ranuras verticales y una pantalla donde se registrarían los impactos de los electrones. Si el haz proyectado se compone de partículas (figura 1), éstas pasarían por una de las dos ranuras para grabar dos franjas de impactos en la pantalla. Si por el contrario se tratase de ondas (figura 2), al llegar a las dos ranuras surgirían dos frentes de onda que interferirían entre sí, mostrando en la pantalla una imagen con numerosas franjas.

Al considerar que los electrones son partículas, deberían revelar dos únicas franjas en la pantalla, pero sorprendentemente manifestaban múltiples franjas. ¡El electrón se comportaba como una onda! Para lograr esto, debía atravesar ¡ambas ranuras a la vez! Ante la perplejidad por el resultado, los científicos repitieron la prueba colocando un detector para comprobar por cuál de las ranuras pasaba realmente la partícula. En este caso, el resultado sí fue el que esperaban en un principio, dos únicas franjas. Por increíble y misterioso que parezca, esta era la evidencia: el electrón puede comportarse como partícula o como onda en función de que se le observe o no. Como dotado de "conciencia", cambia su aspecto si tratamos de escudriñarlo. Schrödinger representa esta dualidad onda-partícula con un experimento imaginario en el cual mantiene encerrado a un gato en el interior de una caja que contiene una ampolla de veneno. En el exterior, una sustancia radiactiva tiene un 50% de probabilidades de emitir una partícula en la siguiente hora, hecho que acusará un detector conectado a la ampolla de veneno. Si se emite la partícula, el detector romperá la ampolla y el gato morirá. Si no se emite, la ampolla seguirá intacta y el gato vivirá. Sólo abriendo la caja averiguaríamos qué le ha ocurrido al gato de Schrödinger. Mientras tanto el gato estaría con ambos estados superpuestos: estaría vivo y muerto a la vez, de igual manera que el electrón es partícula y onda simultáneamente hasta que lo observamos.

Si explicar o imaginar el mundo subatómico resulta difícil, no lo es menos abordar qué es la vida. Schrödinger es el primero en llamar la atención sobre la gran pregunta, que se torna paradoja: ¿cómo consigue la vida desafiar la tendencia universal a la degradación por el paso del tiempo? De la conferencia que ofreció Schrödinger pueden destacarse dos importantes ideas, dos pilares sobre los que se fundamentaría la vida: *Orden a partir del orden* y *orden a partir del desorden*.

... Y surgimos del barro

Caminando por la Marktgasse puede verse algo asombroso. En la frutería las cerezas están alineadas en hileras, en la sombrerería los sombreros están dispuestos ordenadamente, las flores de los balcones muestran una simetría perfecta, no hay migajas en el suelo de la panadería ni leche derramada sobre los cantos rodados de la mantequería. Nada está fuera de su lugar.

Cuando un grupo alegre sale de un restaurante, las mesas quedan más limpias que antes. Cuando el viento sopla suavemente, barre las calles y transporta el polvo y la suciedad hasta los límites de la ciudad. Cuando las olas rompen contra la orilla, la playa se reconstruye. Cuando las hojas caen de los árboles, vuelan como los pájaros formando una V. Cuando en las nubes aparece una cara, esa cara no se borra. Si entra humo en una habitación, el hollín se deposita en un rincón y el aire se despeja. La pintura de los balcones expuestos a la lluvia y la intemperie se vuelve más brillante con el tiempo. El bramido del trueno hace que el jarrón quebrado se reconstruya y las finas lascas desprendidas salten y se instalen en su sitio. La fragancia de un carro cargado de canela se intensifica en lugar de disiparse. ¿No parecen extraños estos hechos?

En este mundo, con el paso del tiempo aumenta el orden. El orden es la ley de la naturaleza, la tendencia universal, la dirección del cosmos. Si el tiempo es una flecha, esa flecha apunta hacia el orden. El futuro es configuración, organización, unión, intensificación; el pasado es azar, confusión, desintegración, disipación.

Algunos filósofos han afirmado que sin una tendencia hacia el orden el tiempo carecería de sentido. El futuro sería indiscernible del pasado. Las secuencias de acontecimientos serían como escenas elegidas arbitrariamente de mil novelas. La historia sería indistinta, como la niebla que al anochecer se congrega lentamente alrededor de las copas de los árboles.

En este mundo, las personas que tienen su casa en desorden se acuestan en la cama y esperan a que las fuerzas de la naturaleza sacudan el polvo del antepecho de sus ventanas y ordenen los zapatos en sus armarios. Las personas que tienen sus asuntos en desorden salen de viaje al campo mientras se organizan sus calendarios, se arreglan sus citas y se equilibran sus cuentas. Se pueden echar en el bolso los lápices de labios, las cartas y los cepillos con la seguridad de que se distribuirán automáticamente. No es necesario podar las plantas de los jardines ni limpiarlas de malezas. Los escritorios se ordenan al final del día. Las ropas arrojadas al suelo por la noche están plegadas en las sillas por la mañana. Los calcetines perdidos reaparecen.

Si se visita una ciudad en primavera, también puede verse algo asombroso. Porque en primavera la gente no tolera el orden de sus vidas. Acumula furiosamente desechos en las casas. Barre el polvo hacia adentro, destroza las sillas, quiebra las ventanas. En la Aarbergergasse o en cualquier avenida residencial se oyen ruidos de cristales rotos, gritos, aullidos, risas. En primavera la gente se encuentra a cualquier hora, quema sus agendas, tira los relojes, bebe durante toda la noche. Este abandono histérico dura hasta el verano, cuando la gente vuelve en sí y regresa al orden.

(11 de mayo de 1905; *Sueños de Einstein*; Alan Lightman)

El texto de Alan Lightman llama la atención porque nuestro sentido común, nuestra experiencia cotidiana nos dice que las cosas suceden exactamente al revés. En la frutería el género se desordena y se descompone con el paso del tiempo. Los cristales rotos no se reconstruyen, los perfumes se disipan, el polvo se acumula en las casas, las tazas de café se enfrían hasta equilibrarse con la temperatura ambiente. Este lugar descrito por Lightman coincide en algo con la realidad. El tiempo carecería de sentido si futuro y pasado fueran indiscernibles. Pero en nuestro universo la flecha del tiempo siempre discurre del orden hacia el desorden. Todo tiende a degradarse y a disiparse. Y entonces ¿cómo consigue la vida su autoorganización, y su aumento de complejidad a través de la evolución?

Schrödinger anuncia en los primeros minutos de su charla el tema principal de sus dos primeras conferencias: la parte esencial de la célula (el cromosoma), donde reside la información hereditaria, está formada por un material extraño, algún tipo de *cristal aperiódico*. El propio Schrödinger afirma que "en física hemos tratado hasta la fecha con cristales periódicos. Para la mente de un humilde físico éstos son objetos complicados e interesantes; constituyen una de las más fascinantes y complejas estructuras por la cual la naturaleza inanimada pone a prueba su inteligencia. Aún así, comparados con un cristal aperiódico, son planos e insulsos. La diferencia de estructura es de la misma clase que entre un ordinario papel pintado en el que el mismo patrón se repite una y otra vez, y un tapiz de Rafael que no muestra aburridas repeticiones, sino un elaborado y significativo diseño del gran maestro". Este cristal aperiódico al que se refiere Schrödinger es lo que la progenie recibe de sus padres, una molécula cristalina desconocida que puede considerarse una predicción de la molécula soporte de la información genética. Se tardarían aún diez años en desentrañar esta molécula cristalina e identificarla como ADN (acrónimo de Ácido DesoxirriboNucleico). Estos cristales, prosigue, "juegan un importante papel en los ordenados eventos del interior de un organismo vivo. Tienen control sobre los aspectos observables a gran escala que adquiere el organismo en su desarrollo, determinan importantes características de su funcionalidad; y en todas estas estrictas leyes biológicas se despliega una "escritura en código"... Al mismo tiempo, las estructuras del cromosoma tienen un papel decisivo en los aspectos que presagian, pues poseen el código y el poder ejecutor o, usando otro símil, tienen el plano del arquitecto y la destreza del constructor en uno".

Schrödinger se maravilla sobre cómo un proceso puede comenzar con una larga cadena de átomos, una simple copia de esta cadena, y continuar para producir las más de cien trillones de copias de un mamífero desarrollado. No obstante, para que la evolución tenga lugar, es necesario que los organismos varíen. Darwin nunca estuvo seguro de dónde provenía esta variación, pero Schrödinger propuso una explicación. Cambios sufridos en la estructura química del extraño cristal podría ser la base apropiada sobre la que la selección natural actuaría como describió Darwin, para librarse del inadecuado y permitir la supervivencia del más apto.

Con su conferencia, Schrödinger relacionó la química molecular con la biología, estimulando el avance de ambas durante los siguientes cincuenta años. Se ha aprendido mucho desde entonces. Los logros de la ingeniería genética son de igual calibre que sus consecuencias éticas. Sin embargo, no somos conscientes de lo común que puede ser, desde hace millones de años, la manipulación genética o el intercambio de genes. Una biotecnología tan antigua como el momento en que las células comenzaron a elegir de qué alimentarse, a dónde ir y con qué células asociarse. Esta tecnología genética basada en el ADN pudo surgir hace unos 3.000 millones de años. No obstante, es difícil pensar que una estructura tan compleja como el ADN apareciera súbitamente como soporte de la herencia, de la información que ha de copiarse para transmitir a la descendencia. En un momento anterior debieron existir otros compuestos que ejercieran esta labor duplicadora a los que, posteriormente, sustituyó el ADN. El químico Graham Cairns-Smith ha desarrollado una teoría para imaginar cómo pudieron ser estos duplicadores primitivos que, siguiendo la idea de Schrödinger, también se basa en los cristales.

Al igual que el carbono es el elemento esencial para la química de la vida, dada su capacidad casi ilimitada para crear moléculas muy diversas en tamaño y complejidad, el silicio posee propiedades similares. Éste forma compuestos llamados silicatos, que constituyen las arcillas, y son capaces de formar cristales (figura 3). De esta manera, los cristales que se encuentran en las arcillas pudieron ejercer la función de duplicadores de "baja tecnología", sustituidos posteriormente por la "alta tecnología" del ADN. Como ocurre en cualquier cristal, los átomos se empaquetan de una manera muy ordenada. Una vez formada una capa, las capas

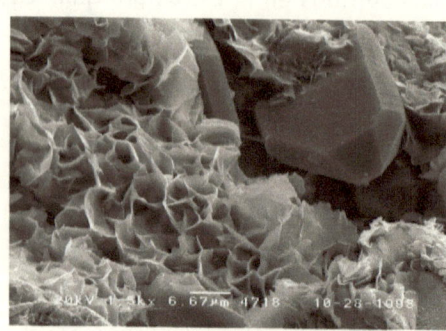

Figura 3. Cristales de montmorillonita, un tipo de arcilla, al microscopio electrónico

sucesivas del cristal se van adhiriendo a ésta tomándola como molde, construyendo capas idénticas a la inicial. Esta duplicación es una copia fiel del patrón que sigue el cristal, fiel hasta el punto que, si se cometen errores, son copiados igualmente.

Casi todos los cristales en la naturaleza presentan defectos. En el centro de un espacio ordenado con hileras perfectamente delimitadas puede haber un trozo inclinado en un ángulo diferente, o quizá un pequeño deslizamiento de una fila. Defectos que pasan a ser copiados en las capas adyacentes. De la misma manera que en un disco compacto se graba un patrón de defectos (una serie de picos y valles) que se traduce en información sonora, los errores en los cristales de arcilla pueden contener información basada en un código similar, que además sería copiada en las sucesivas capas del cristal.

Hasta aquí la idea de Schrödinger sobre cómo lograr el orden a partir del orden. Es decir, la estructura organizada de un ser vivo originada desde la distribución ordenada de una molécula como el ADN. Sin embargo, la segunda idea de Schrödinger no ha sido tan fecunda ni tan bien entendida. La obtención del orden a partir del desorden.

Nace una nueva ciencia

*En una vela que arde no deja de estar comprometida
ninguna de las leyes que gobiernan el universo.
El fenómeno de una vela que arde es la puerta abierta
que nos permite acceder al estudio de la filosofía natural.*

Historia Química de una Vela. Michael Faraday

Con la obtención de orden partiendo del desorden, Schrödinger no se refería a una escena como la del relato de Lightman, donde la ropa tirada por el suelo aparece al día siguiente bien doblada en el armario, o donde el polvo desaparece de los muebles en lugar de acumularse. Schrödinger trata de comprender cómo la vida obtiene su orden, su autoorganización, partiendo de un mundo que tiende a degradarse y desordenarse de manera espontánea. El camino para enfocar esta cuestión comienza con la creación de una nueva ciencia, una incipiente especialidad de la física que en principio sólo buscaba mejorar el rendimiento de las máquinas de vapor.

En el conjunto del universo existen dos tipos de procesos a los que el concepto mismo del tiempo aparece ligado: *reversibles* e *irreversibles*. El tiempo que puede volver al punto de partida, o el que avanza inexorablemente. Los procesos reversibles son aquellos cuyas consecuencias pueden invertirse. Una película puede proyectarse hacia delante y luego hacia atrás hasta volver a la escena inicial. La compra de un objeto puede revertirse al devolverlo y recuperar el dinero pagado. En el intento de recrear un proceso reversible, y derrochando no poco ingenio, se han construido multitud de máquinas a lo largo de la historia, denominadas de movimiento perpetuo. Una máquina de este tipo podría estar en funcionamiento indefinidamente sin consumir combustible alguno, como lo haría el molino de agua representado en un grabado del pintor holandés Maurits Escher (figura 4), en el cual el agua fluye de manera natural a través del canal para llegar, por sí sola, a la parte superior de la rueda de paletas, impulsándola en su caída. Desgraciadamente, estos artefactos nunca funcionaron.

Figura 4. *Cascada*. Escher.

Con los procesos irreversibles, sin embargo, no hay marcha atrás. Una planta que se seca por falta de riego, una fruta que se pudre o un huevo que se fríe son sucesos sin posibilidad de volver al punto de partida. La propia vida es un proceso indiscutiblemente irreversible que procede del pasado y se adentra en el futuro, siempre en la misma dirección.

Durante el siglo XVII, en plena Revolución Científica, ya Isaac Newton se percató del aparente carácter de reversibilidad que posee el universo, en el que cada proceso natural parecía tener su proceso inverso: los objetos pueden rodar hacia arriba y hacia abajo, o pueden ser lanzados al aire para volver a caer. Los péndulos se balancean de un lado hacia el otro una y otra vez, mientras la Tierra gira sobre sí misma haciendo que tras el día llegue la noche, y tras la noche retorne el día. La imagen, a nivel cósmico, es que todo estaba orquestado por un tiempo cíclico de la misma manera que se suceden los días, las estaciones, los años... Además, tampoco era imaginable para la época un universo que pudiera llegar a tener un final. El cosmos era armonioso, inalterable y eterno. Pero a finales del siglo XVIII los filósofos descubrieron que existían procesos naturales que no eran completamente reversibles, y al menos dos de estos procesos guardaban relación directa con el calor.

En la primera de estas excepciones, el calor siempre parecía fluir de lo caliente a lo frío, pues lo contrario nunca se había visto. Una taza de café caliente se va enfriando al ceder calor al aire frío del ambiente, pero nunca se vería que la taza se calentara por sí sola a costa de enfriar el aire circundante. La segunda excepción se refiere a la *fricción*, proceso que mediante el rozamiento es capaz de transformar el movimiento en calor. Ya nuestros antepasados del Neolítico descubrieron este fenómeno cuando lograban hacer fuego a base de frotar dos ramas, o chocando piedras para producir una chispa. Sin embargo, el calor nunca se transforma espontáneamente en movimiento. Nadie se atrevería a pensar que por calentar algún objeto, adoptara la capacidad de desplazarse como si hubiera cobrado vida propia.

La existencia de estos procesos cambiaba las cosas. Resulta que, como la vida misma, el universo "envejecía" al protagonizar sucesos en los que no se podía volver atrás, pues no existía un proceso inverso que restituyera lo que había ocurrido. Un panorama poco alentador que, con el correr del tiempo, se volvería más inquietante... Y así las cosas, comenzaba la Revolución Industrial.

Sadi Carnot, ingeniero francés e hijo de un ministro de la guerra de Napoleón I, estaba convencido de que el avance del país necesitaba una energía del vapor rentable. El empleo de la máquina de vapor había situado a Inglaterra en el número uno de la industrialización, y Francia estaba en clara desventaja. Aunque generalmente se asocia a James Watt, la invención de la máquina de vapor se sitúa en el siglo I d.C. Herón de Alejandría, junto con otros ingenios mecánicos, ideó la *Eolípila* (figura 5), que hace recordar a la válvula giratoria de las ollas a presión domésticas. En ella, el vapor de agua generado mediante el fuego, se conducía a una esfera que contaba con dos tubos de salida curvados. Cuando la presión del vapor era suficiente, la salida de éste por los tubos provocaba que la esfera

Figura 5. Eolípila de Herón.

se pusiera a girar. En la época, este interesante aparato no pasó de mera curiosidad lúdica. Hubo que esperar hasta principios del siglo XVIII para que Denis Papin (1707) y Thomas Newcomen (1712) idearan máquinas accionadas con vapor para tareas como la elevación de agua o el drenaje de minas. Watt patentó su máquina de vapor en 1769 con múltiples mejoras que la hicieron mucho más versátil para su utilización industrial.

Al joven Carnot le dolía que las máquinas de vapor inglesas fueran más eficientes que las francesas. La idea era simple: a la máquina se le aportaba calor quemando madera o carbón y ella devolvía trabajo. Pero resultaba que al quemar las mismas cantidades de combustible, las máquinas inglesas daban más trabajo. A equiparar esta humillante diferencia se dedicó Carnot mediante un minucioso estudio.

De manera similar a un molino de agua, como el del grabado de Escher, que funciona al impulsarlo el agua que cae de un punto alto a un punto bajo, la máquina de vapor es accionada por el calor que circula de un lugar caliente (caldera) a un lugar frío (radiador). Además, Carnot observó que con las máquinas de vapor, finalmente se había encontrado el proceso inverso de la fricción que no se halla en la naturaleza: convertir el calor en movimiento. Durante esa época, se creía que el trabajo que producía una máquina dependía sólo de la temperatura de su caldera. Parece lógico pensar que a mayor temperatura en la caldera, se produciría más vapor que generaría más trabajo. Sin embargo, este planteamiento es erróneo como descubriría Carnot, pues el calor requiere *fluir* entre la caldera caliente y el radiador frío. No importa que la cantidad de calor suministrada sea grande; si caldera y radiador se encuentran a la misma temperatura, el calor no fluirá. Lo que realmente determina el trabajo producido es la *diferencia* de temperatura entre caldera y radiador, de igual forma que en el molino de agua depende de la diferencia de altura entre el punto alto y bajo de la cascada.

Como consecuencia de lo expuesto, máquinas que presentaran la misma diferencia de temperatura, realizarían el mismo trabajo. Carnot se dispuso a calcularlo y descubrió que el trabajo real que producían las mejores máquinas inglesas era una veinteava parte del previsto; las máquinas francesas eran todavía peores. Es decir, de todo el calor obtenido al quemar carbón o madera, sólo se transformaba en trabajo un mediocre 5%. Resulta que por muy impecablemente diseñadas que fueran las máquinas, estaban salpicadas de imperfecciones. Una gran parte de la transformación de calor en movimiento caía en un pozo sin fondo a causa del rozamiento de unas piezas contra otras, lo que provocaba un balance tan pobre. La fricción, la antagonista del funcionamiento de la máquina de vapor, devolvía a la atmósfera gran cantidad de energía en forma de calor que no podía volver a aprovecharse. Una situación nada prometedora.

El paseo del borracho

Cuatro años después de que Carnot publicase sus observaciones en su obra *Reflexiones sobre la potencia motriz del fuego*, un botánico llamado Robert Brown fijó su atención en el movimiento continuo y extremadamente irregular que tenían los granos de polen de la *Clarkia* (Clarkia pulchella, figura 6) en una solución de agua. Al estudiarla más detenidamente se sorprendió de que el movimiento no consistiera solamente en un

Figura 6. Clarkia pulchella.

desplazamiento, sino que además la partícula de polen sufría giros y cambios de forma. La conclusión más lógica que se le ocurrió fue que no se debía a corrientes en el agua, sino que se trataba de algo inherente a la partícula. Aunque esta extraña "danza del polen" se conoce como *movimiento browniano* en honor a este botánico, este fenómeno se conoce desde antiguo. El poema *De rerum natura* (Sobre la naturaleza de las cosas) de Lucrecio, en el siglo I a.C., lo describe en partículas de polvo:

> Observa lo que acontece cuando rayos de sol son admitidos dentro de un edificio y cómo arroja la luz sobre los lugares oscuros. Puedes ver la multitud de pequeñas partículas moviéndose en un sin número de caminos [...] su baile es una indicación de movimientos subyacentes de materia que son escondidos por nuestra vista [...] Entonces los pequeños organismos que son eliminados del impulso de los átomos son puestos en marcha por golpes invisibles.

Brown en un primer momento creyó que al tratarse de polen, la partícula estaría dotada de vida para realizar por sí misma estos movimientos. Pero pronto tuvo que abandonar esta explicación, pues se observaba exactamente lo mismo para cuerpos inanimados (partículas de minerales, humo...). Se sugirieron múltiples causas para este movimiento (diferencias de temperatura, evaporación, corrientes de aire), pero lo cierto es que nadie sabía cómo explicarlo.

Resulta que, por sorprendente que parezca, el movimiento browniano guarda relación con los efectos del excesivo consumo de alcohol. Si una persona con unas copas de más trata de desplazarse a lo largo de una calle, lo veremos dar un traspié tras el primer o segundo paso, tras lo cual intentará recuperar el paso saliéndose de su trayectoria hacia el lado opuesto. Otro paso hacia delante, uno hacia atrás y dos hacia la izquierda. Tras ver el patrón que han seguido sus pisadas en los primeros y escasos metros, ¿seríamos capaces de predecir cómo y por dónde continuará avanzando? No tendríamos la más mínima idea, pues su melopea convierte este accidentado paseo en un suceso demasiado aleatorio y, por tanto, imprevisible. El movimiento browniano de una partícula y el paseo del borracho tienen la misma naturaleza (figura 7). Cambios bruscos de dirección y velocidad marcan una trayectoria errática, en la que es imposible prever el paso siguiente aunque se conozca el anterior.

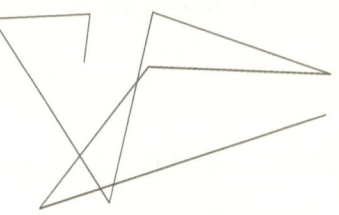

Figura 7. Ejemplo de trayectoria errática de una partícula en movimiento browniano.

Durante las tres décadas siguientes al trabajo de Brown, el interés por el movimiento browniano decayó. Casi nadie continuó investigando para darle una explicación satisfactoria. A mediados del siglo XIX se realizaron experiencias para descartar algunas de las causas que se habían defendido hasta entonces. De hecho, se llegó a mantener un recipiente sellado con una suspensión de partículas durante un año y comprobaron que el movimiento no cesó en todo ese intervalo. Entonces, se comenzó a barajar la posibilidad de que el movimiento fuera causado por las colisiones de los átomos del fluido con las partículas, una hipótesis algo arriesgada pues aún no estaba generalmente aceptado que la materia estuviese compuesta de átomos. Las primeras voces en contra no tardaron en llegar, al sostener que los átomos son extremadamente pequeños como para que sus choques con una partícula bastante mayor tuvieran un efecto visible. El científico francés Léon Gouy realizó otros experimentos en los que se percató de que la "vivacidad" del movimiento aumentaba cuanto más pequeña era la partícula, y cuanto menos viscoso era el fluido. Además, la velocidad del movimiento no iba disminuyendo por la fricción de la partícula con el fluido, como sería lógico pensar, sino que en ocasiones ¡aumentaba! ¿Cómo era posible? En el caso de la máquina de vapor la fricción provocaba pérdidas en forma de calor, que disminuirían la velocidad de la máquina a no ser que se añadiera más carbón para quemar. ¿De dónde saca su energía el movimiento browniano para que continúe indefinidamente?

En busca de las tablas de la ley

El joven Rudolf tenía una gran curiosidad por el mundo natural. Le encantaba recorrer los bosques de Pomerania recolectando piedras y conchas fosilizadas. Su padre, el reverendo Gottlieb, le había explicado que los restos de animales marinos habían llegado hasta el bosque porque ahí se depositaron después de retirarse las aguas del Diluvio. Rudolf estaría destinado a ofrecer una extraordinaria visión del destino del universo. Además, como era costumbre en la época, sería conocido con otro nombre de origen clásico que él mismo adoptó: Clausius.

Fue a partir del momento en que comenzó a ir al instituto cuando Clausius descubrió que era perfectamente posible explicar el mundo natural sin tener que hacer uso de cuestiones sobrenaturales. En particular, a través de la obra del geólogo Charles Lyell, conoció la hipótesis del cambio continuo y gradual que afirmaba había sufrido la Tierra a lo largo de su historia. Las fuerzas geológicas han modificado y siguen modificando el relieve terrestre al ser alimentadas por una inagotable fuente de calor procedente del interior del planeta. Para Clausius estas afirmaciones resultaban asombrosas, tratando de imaginar una colosal máquina de calor en las profundidades de la Tierra, que generaría el movimiento de moldeado de montañas, valles y cuencas. Su fascinación por conocer todo lo relacionado con las máquinas movidas por calor iría en aumento.

Consultó todo lo que estuvo a su alcance sobre los trabajos de Carnot, y sobre el inquietante destino del universo cuyo final llegaría inevitablemente, según los físicos, por el comportamiento irreversible del calor. Una vez agotadas todas las fuentes de calor, nada se podría hacer. Sería el auténtico fin del mundo. Clausius, estimulado ante estos enigmas, decidió que tenía que encontrar respuestas.

La importancia del calor, por misterioso y escurridizo que fuera, es algo que se tenía muy claro ya desde la época de Aristóteles que lo definía como "la fuente de vida y de todas sus capacidades [...] de la nutrición, de la sensación, del movimiento y del pensamiento". De esta manera, el calor corporal surgía de algún fuego impalpable de nuestro interior, y el calor del Sol era el responsable de mantener vivo nuestro planeta y todas las criaturas que en él residen. En el intento de comprender adecuadamente qué era el calor, se concibieron y descartaron hasta cuatro teorías diferentes.

Fueron los griegos los primeros en aventurarse a conjeturar sobre la cuestión, anunciando la *teoría del calor número 1*: "El calor es la sensación que producen los cuerpos calientes". Afirmación muy simple y, sin embargo, completamente errónea. Basta un sencillo experimento para desmontar esta primera teoría. Prepárense tres recipientes de agua, uno con agua fría, otro con agua templada y el tercero con agua caliente. Al introducir la mano izquierda en el recipiente de agua fría, sentirá frío. De igual manera, al introducir ahora la mano derecha en el agua caliente, sentirá calor. Hasta aquí parece que la teoría número 1 cumple su predicción pero, ¿qué ocurre si, acto seguido, se introducen ambas manos en el recipiente de agua templada? En la mano izquierda, que estuvo en contacto con el agua fría, sentirá calor, mientras que en la derecha que se sumergió en agua caliente, experimentará frío. Esta paradoja hizo que se replanteara la teoría, pues no es el calor quien da la sensación de lo caliente, sino el *flujo* de calor. Así que la *teoría del calor número 2* decía lo siguiente: "Si el calor fluye hacia el cuerpo, produce sensación de calor; si el calor fluye desde el cuerpo, produce sensación de frío".

La última teoría del calor parecía válida y fue aceptada pero, hasta el momento, la determinación del calor era completamente subjetiva y no más precisa que la mano tocando la frente para estimar si se tiene fiebre. Aunque era corriente hablar de "grados de calor o frío" la verdad es que no existía forma alguna de medirlo con cierta precisión. Medir el calor se convirtió en un reto para el círculo de hombres sabios de Venecia al cual pertenecía Galileo Galilei que, en 1592, inventó un curioso aparato para este fin. El *termoscopio*, como él mismo lo llamó, consistía en una botella de vidrio, con base esférica y un cuello largo y fino (figura 8). Esta botella era vuelta boca abajo e introducida en un recipiente con agua, aunque para ver mejor el nivel del líquido, Galileo utilizó vino. Su funcionamiento se basa en la reacción del aire encerrado en la base esférica ante los cambios de temperatura. En los días fríos, el aire se contrae y

Figura 8. Termoscopio.

provoca la ascensión del líquido por el tubo, mientras que en los días cálidos la expansión del aire hace descender la columna. De modo que el ingenioso artilugio inició la era de la medición del calor y, cómo no, la adopción de la nueva *teoría del calor número 3*: "el calor es lo que provoca que la columna de un termómetro cambie su altura". Al menos, esta teoría era más objetiva que las anteriores al no estar basada en la sensación humana de frío o calor.

El termoscopio era, en esencia, un termómetro invertido, aunque al no estar dotado de ningún tipo de escala, no podía realizarse una medición ya que sólo establecía diferencias de temperatura. Fue un amigo de Galileo, el médico Santorio de Padua, quien mejoró el termoscopio en 1612 agregándole una escala. Estableció el cero para la temperatura de la nieve fundiéndose, y 110 para la temperatura de la llama de una vela.

Ya que la contracción y expansión del aire podía resultar poco fiable, en 1641 se construye el primer termómetro, utilizándose alcohol en el interior de un tubo de vidrio sellado, pues la utilización de agua como fluido no es nada recomendable. Un termómetro de agua se congelaría al tratar de medir temperaturas muy bajas, pero éste no es el principal inconveniente. El agua es una sustancia tan necesaria para la vida como extraño es su comportamiento. Cualquier otro fluido se comporta siempre igual: se contrae al descender la temperatura y se dilata cuando aumenta. Por ello, vemos la columna de un termómetro descender en los días fríos y ascender en los calurosos. Sin embargo, un termómetro de agua funcionaría de manera paradójica. En principio, veríamos bajar la columna líquida mientras desciende la temperatura pero, al acercarnos a un determinado punto, el descenso de la columna se volvería cada vez más lento hasta llegar a detenerse. A partir de aquí, y aunque la temperatura siguiera descendiendo, la columna líquida comenzaría a subir. ¿Cuál es la razón de un comportamiento tan caprichoso?

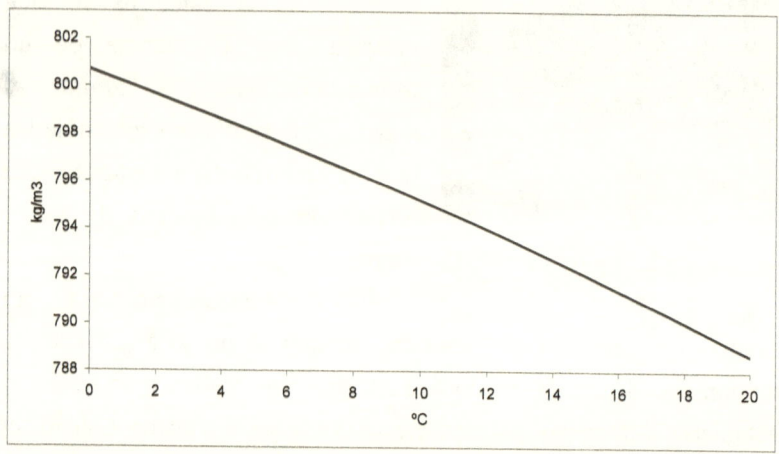

Figura 9. Variación de la densidad del alcohol etílico con la temperatura.

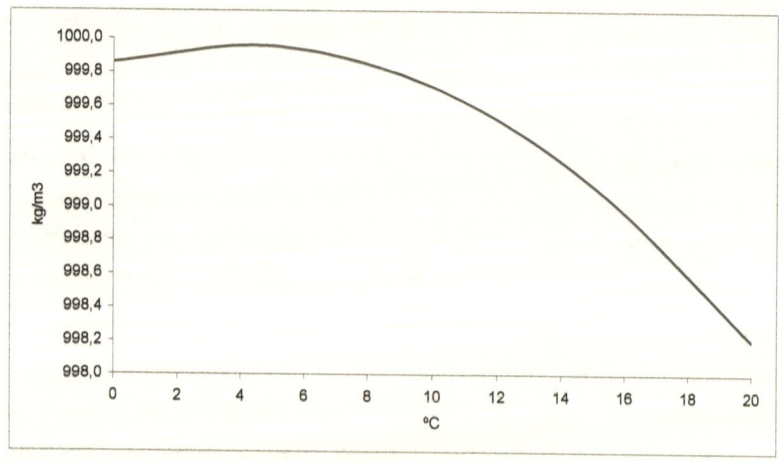

Figura 10. Variación de la densidad del agua con la temperatura.

Los cambios de volumen que experimentan los líquidos al variar la temperatura hacen que su densidad, es decir, los kilogramos de fluido que contiene cada metro cúbico (kg/m³), se altere. La mayoría de los líquidos sufren un aumento de densidad bastante homogéneo a medida que la temperatura desciende, como sucede con el alcohol (figura 9). Sin embargo, en las proximidades de los 4°C, el agua abandona la tendencia de los demás líquidos y alcanza su densidad máxima (figura 10). Tras continuar enfriándose desde los 4 hasta los 0°C, su densidad comienza a disminuir. Esta anomalía del agua resulta de enorme importancia para la preservación de la vida subacuática. Al tener el agua congelada menor densidad que el agua a 4°C, el hielo flotará sobre la superficie de ésta, en lugar de hundirse y poner en peligro la vida en el fondo de mares y lagos.

Con la parte técnica resuelta, surgió otro problema. Hasta ese momento no se disponía de escala de medida y al poco tiempo, aparecieron por todos lados. Cada cuál que utilizaba un termómetro utilizaba su propia escala. Por ejemplo, los científicos florentinos utilizaban una escala cuyas marca superior e inferior se correspondían con los días más cálidos y más fríos de la región de la Toscana. En el caso de los franceses, sería extraño que sus marcas termométricas no hicieran referencia a la gastronomía. En particular, la temperatura superior correspondía a la que funde la mantequilla, y la inferior a la temperatura de una bodega en París.

Y continuó el baile de temperaturas. En la *Accademia del Cimento* (Academia del Experimento), una de las primeras sociedades científicas fundada en 1657 por discípulos de Galileo a instancias del Gran Duque Fernando II de Medici, se realizaba una gran labor de experimentación y se construían instrumentos de laboratorio. Dentro de la incipiente rama de la termometría, se preocuparon de la necesidad de establecer puntos fijos de referencia en las escalas para poder calibrar los termómetros, y hacer comparables las medidas que se hacían con ellos. Hacia finales del siglo XVII surgieron todo tipo de imaginativas propuestas para estos puntos fijos. En principio, se propone utilizar un único punto fijo: el de la temperatura del hielo fundiéndose. Newton sugiere que, además, se utilice otro punto fijo superior, como el de la temperatura del cuerpo humano. En otros casos, se sugería que el punto superior fuera la temperatura de ebullición del agua.

En 1714, un físico alemán poco conocido llamado Daniel Fahrenheit propone la mejora de utilizar el mercurio como fluido para el termómetro. Sus ventajas son claras: su dilatación térmica es muy uniforme, permanece líquido durante un amplio rango de temperaturas, no se adhiere al vidrio, y además su color plateado facilita la lectura. Además, Fahrenheit establece una escala termométrica eligiendo para ello dos puntos fijos: la temperatura más baja que se dio en el invierno europeo en los últimos 100 años, y la temperatura del cuerpo humano (que por esa época se suponía constante). Para emular aquella temperatura invernal, preparó una especie de mezcla refrigerante a base de agua, hielo y cloruro de amonio. A la temperatura conseguida con esta mezcla le otorgó el cero de la escala. Al segundo punto, el correspondiente a la temperatura corporal, le asignó arbitrariamente el valor 24 (quizá por las horas que componen un día) pero comprobó que las divisiones de la escala serían demasiado grandes, por lo que las subdividió en cuatro partes. Finalmente, este segundo punto caería en el grado 96. Rocambolesca forma de establecer una escala que, sin embargo, tuvo éxito y fue adoptada hasta nuestros días por los países anglosajones.

Los puntos de fusión y ebullición del agua en la escala Fahrenheit corresponden al 32 y al 212, respectivamente. A causa de las quejas que hubo por la utilización de estos números un tanto engorrosos, en 1742 un astrónomo sueco llamado Anders Celsius diseñó una escala de temperaturas en la que asignaba el 100 al punto de fusión y el 0 al punto de ebullición del agua. Su buena intención de crear una escala más sencilla de usar añadió una complicación más (por si hasta ahora habían sido pocas). Resulta que con el 100 en el punto de congelación y el 0 en el punto de ebullición (en Suecia interesaba más medir grados de frío que de calor), las temperaturas más bajas tendrían valores más altos, con lo que se tenía una escala en sentido contrario a las conocidas hasta entonces. Tres años después entró en escena un famoso compatriota de Celsius, el naturalista Carl von Linné, que tuvo la afortunada idea de cambiar de posición el 0 y el 100. Había nacido (¡por fin!) la escala termométrica centígrada o Celsius tal y como la conocemos en la actualidad.

Tanto meteorólogos como médicos comenzaron a tener a su disposición un instrumento para la medición de la temperatura que les resultaría de gran utilidad. Sin embargo, una observación realizada poco después iba a ensombrecer la prometedora carrera del termómetro. Alrededor de 1760, el químico escocés Joseph Black introdujo en un horno cantidades iguales de mercurio y de agua. Procedió a calentarlos y luego comprobó sus temperaturas. Para su sorpresa, el mercurio estaba a mayor temperatura que el agua, a pesar de haber sido calentados en el mismo horno y durante el mismo tiempo. Se trata del mismo fenómeno con el que nos encontrarnos al dar el primer bocado a una pizza recién cocinada. Puede uno llevarse una buena quemadura con el tomate y el queso, invariablemente más calientes que la masa.

El sencillo experimento de Black daba al traste con la fiabilidad de los termómetros. Se llegó a pensar que si aportar las mismas cantidades de calor originaba temperaturas tan diferentes, quizá eran instrumentos en los que no se podía confiar. Por lo tanto, parecía que no quedaba otro remedio que abandonar la teoría del calor número 3.

Sin embargo, no todas las noticias eran negativas. El resultado del experimento fue el primer indicio para diferenciar dos conceptos que, hasta el momento, se habían considerado una misma cosa: *calor* y *temperatura*. Ante lo ocurrido, Black dedujo que las sustancias poseían diferente "capacidad para absorber calor". Sólo así podía explicarse que por cada grado que elevaba su temperatura el agua, la del mercurio ascendía en casi 30 grados. De esta manera se acuñó el concepto de *capacidad calorífica* como la cantidad de calor que debe absorber una sustancia para elevar un grado su temperatura. El mercurio posee una capacidad calorífica muy pequeña en comparación con el agua, por lo que necesita mucho menos calor que ésta para aumentar en un grado su temperatura. La dolorosa experiencia de escaldarnos la lengua nos habrá confirmado que el queso o el tomate de la pizza, por su gran facilidad para calentarse, presentan una capacidad calorífica menor que la inofensiva masa. Y así surgió la teoría del calor número 4, la teoría del *calórico*: "el calor es un fluido invisible e indestructible que absorben los cuerpos en diferente medida".

La naturaleza del calor continuaba siendo más misteriosa que nunca. Cada descubrimiento parecía multiplicar los enigmas más que dar respuestas sobre qué era y cómo se comportaba. Quedaba claro que calor y temperatura no eran lo mismo, y aún había que analizar otras relaciones que había descubierto el hijo de un

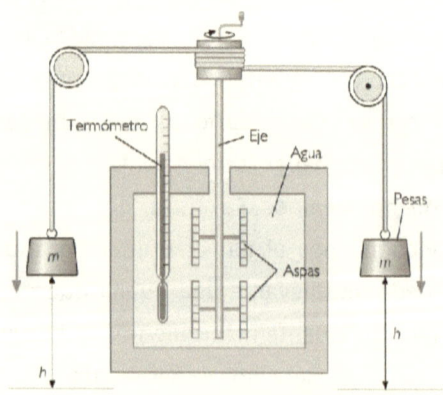

Figura 11. Calorímetro de Joule.

cervecero de Manchester. James Joule hizo gala de gran ingenio y precisión para construir su *calorímetro* (figura 11). En esencia, era un recipiente cuyas gruesas paredes de madera estaban pensadas para minimizar las pérdidas de calor. En dos orificios practicados en la tapa llevaba insertados un termómetro y un eje de paletas o aspas para agitar el agua que contenía. El eje de paletas estaba unido, mediante cuerdas y poleas, a unas pesas de valor conocido. Como ilustra la figura 8, la experiencia consistía en dejar caer las pesas desde una altura determinada, las cuales desenrollarían las cuerdas del eje haciéndolo girar y agitando el agua. La fricción de las paletas provocaría el aumento de la temperatura del agua. De esta manera, Joule podía averiguar cuánto calor podía generar el trabajo realizado por la caída de las pesas.

Tras repetir el experimento unas veinte veces, incluso cambiando el agua por aceite de ballena y mercurio, los resultados no daban lugar a dudas: El trabajo y el calor estaban íntimamente relacionados. El calor que se genera por fricción entre cuerpos, sean líquidos o sólidos, siempre es proporcional al trabajo realizado. Si se duplica el valor de las pesas o la altura de caída, se duplicará el calor producido en el calorímetro. Joule había determinado lo que se conoce como *equivalente mecánico del calor*, una relación que nos indica, por ejemplo, que el calor necesario para elevar un grado centígrado la temperatura de un litro de agua, es equivalente al trabajo de subir un cuerpo de 61 kilogramos a 7 metros del suelo. Y aún quedaba otra cuestión que sería desvelada por otra experiencia del propio Joule en el campo de la electricidad.

Hacia mediados del siglo XVIII, la única curiosidad relacionada con la electricidad era la atracción de pequeñas partículas de polvo o paja por cuerpos frotados con un paño, hasta que apareció una invención holandesa. La *botella de Leyden* no podía ser más sencilla. Un frasco de vidrio, cuyo tapón está perforado por una varilla metálica en contacto con el agua que contiene la botella. Al colocar la varilla en contacto con una fuente de electricidad, la botella queda cargada y lista para producir una descarga eléctrica en forma de chispa. Las demostraciones con botellas de Leyden asombraban al público ante el poder de esta fuerza de la naturaleza. El fisiólogo Luigi Galvani también estaba imbuido en el creciente interés por la electricidad. En una ocasión, mientras diseccionaba una rana, su bisturí tocó accidentalmente el gancho de bronce del que colgaba la pata. Se produjo una pequeña descarga y la pata se contrajo espontáneamente. Galvani pensó que aquello era la manifestación de lo que denominó "electricidad animal". Alessandro Volta era amigo de Galvani, y tras enterarse de los experimentos de éste, hizo también algunos ensayos de electricidad animal. Galvani sostenía que era el contacto de dos metales diferentes a través del músculo de los animales lo que producía electricidad, y Volta discrepaba en que fuera necesaria la participación del tejido muscular... y estaba dispuesto a demostrarlo.

El invento de Volta era bastante voluminoso. Una serie de treinta discos de cobre y de cinc apilados alternativamente y separados por discos de cartón empapados en agua salada (figura 12). Al primer y último disco se unían dos cables a modo de terminales. Una vez cerrado el circuito entre los dos terminales, se tenía una fuente constante de electricidad. Este apilamiento (o *pila eléctrica* como acabó conociéndose) le dio finalmente la razón a Volta.

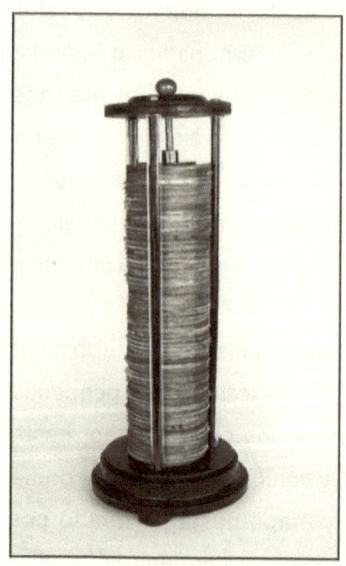

Figura 12. Pila eléctrica de Volta.

El empleo de la pila de Volta abre un gran abanico de posibilidades para nuevos ensayos sobre la electricidad, y Joule llevaría a cabo uno a destacar. Observa que una corriente eléctrica siempre calienta el alambre por el que circula, y pierde fuerza en el proceso. ¿Cómo explicar lo sucedido? ¿A qué es debido el calentamiento del alambre? ¿Tiene relación con el debilitamiento de la corriente?

En la primavera de 1848, Clausius se doctora en ciencias. El recién bautizado científico comenzó a dar vueltas a todo lo que había leído sobre el calor. Tenía claro que quería elaborar una teoría propia que impusiera orden en tal variedad de fenómenos, pero no tenía claro por dónde debía empezar.

Calor, temperatura, electricidad... tantos conceptos a relacionar pero, ¿cómo? El impulso definitivo que lo inspiró fue una hipótesis lanzada por el médico alemán Julius Mayer, según la cual el universo había comenzado a existir mediante una fuerza única e inconcebiblemente grande a la que llamó *Ursache* (causa). A partir de ésta, se habrían escindido diversas *kräfte* (fuerzas) más pequeñas que se exhibirían bajo distintos aspectos: químico, eléctrico, calorífico...

La afirmación de Mayer fue una auténtica revelación para Clausius, y un poderoso punto de partida. Joule había encontrado una equivalencia entre calor y trabajo, y si tenemos en cuenta la idea de Mayer, ¿no serán en el fondo la misma cosa? Calor y trabajo, intercambiables entre sí, no son sino dos manifestaciones del mismo fenómeno. ¿Y el alambre calentado por el paso de la electricidad? Pues, una vez más, el mismo perro con distinto collar. Parte de la corriente eléctrica se transformaba en calor, lo que causaba el debilitamiento de la corriente.

La primera consecuencia inmediata de la consideración de Clausius fue el colapso de la teoría del calor número 4: el calórico no existía. El calor no era ningún "fluido invisible", sino un aspecto más de lo que en adelante se denominó *energía* (la capacidad de realizar trabajo). Como Mayer anunció de manera casi profética, Clausius comprendió que *cualquier tipo* de energía podía transformarse en *cualquier otro tipo* de energía, de manera que el balance global en el universo permanecía constante. Las máquinas de vapor analizadas por Carnot transformaban la energía química del carbón en energía mecánica, que producía el movimiento de la máquina, y en calor que se disipaba al ambiente. Si, como había determinado Carnot, sólo se obtenía un 5% de trabajo útil, significaba que el 95% restante de la energía del carbón se irradiaba sin más al aire circundante. Un molino de agua impulsado por el 5% del caudal de un canal, mientras el 95% del agua se fuga por una grieta reproduce la misma situación. En el experimento del alambre de Joule, el balance es el mismo: una fracción de la energía eléctrica se pierde (de ahí su debilitamiento) al transformarse en energía térmica que, consecuentemente, calienta el cable. La energía aportada siempre es la suma de la útil más la malgastada, de forma que la energía total del universo nunca varía. Una constante eterna que simplemente cambia de aspecto empleando multitud de disfraces. Ni siquiera los organismos vivos escapan a este implacable equilibrio. La energía química contenida en los alimentos se transforma en energía mecánica que moviliza nuestros músculos, en energía calorífica que mantiene la temperatura corporal, y en energía desechada en los subproductos que eliminamos. Este novedoso concepto constituye la Ley de la Conservación de la Energía, también conocido como *Primera Ley de la Termodinámica*, la incipiente rama de la física para el estudio de la acción dinámica del calor.

Sin embargo, Clausius no apartaba de su mente esas dos excepciones que otorgaban al calor un comportamiento irreversible:

- El calor fluye espontáneamente de lo caliente a lo frío, nunca al revés.
- La fricción transforma el movimiento en calor, pero no existe proceso natural que transforme calor en movimiento.

Clausius observó que este comportamiento asimétrico del calor escondía cambios de dos tipos:
- Un cambio de *temperatura* cuando el calor fluye de lo caliente a lo frío.
- Un cambio de *energía* cuando la fricción transforma energía mecánica en térmica.

¿Qué tipo de relación podría existir entre los cambios de temperatura y los cambios de energía? ¿Eran básicamente lo mismo? Clausius recordó que ya se había planteado algo parecido entre calor y trabajo. ¿Serían también energía y temperatura variantes de una misma cosa? Clausius propuso entonces que existía un fenómeno aún más amplio. Si calor y trabajo no son sino distintas manifestaciones de la energía, ahora aparecía un concepto nuevo, inexplorado, que relacionaba la energía y la temperatura. Por ello, quiso acuñar un nombre para esta idea recién estrenada, una denominación que obtuvo del griego: *entropía*. Este término satisfizo plenamente a Clausius; su significado hace alusión a "giro", "retorno", "transformación", muy propio para el dinámico mundo que debía analizar. Además, tenía cierto parecido con el término *energía*, con el que estaba íntimamente imbricada. Éste sería el nombre de un nuevo horizonte de estudio que se abría ante sus ojos.

Clausius aventuró la hipótesis de que los cambios de entropía podían sumarse y restarse, de la misma manera que se realiza un balance de energía: la energía aportada a una máquina de vapor, a un molino de agua, o a cualquier otro ingenio era igual al trabajo realizado más la energía malgastada (calor disipado al ambiente, fricción...). La cantidad de energía se mantenía constante, pues solamente se transformaba:

energía aportada = energía útil + energía malgastada

¿Cuál sería entonces la suma total de la entropía puesta en juego? ¿Se mantendría constante como en el caso de la energía? Si existe una Ley de Conservación de la Energía, ¿habría una Ley de Conservación de la Entropía? Era necesario realizar un balance y comprobarlo.

Como se hace con la contabilidad de una empresa, en la que los ingresos se consideran con signo positivo, y los gastos con signo negativo, Clausius eligió un criterio de signos similar. Todos los cambios naturales, es decir, que ocurren espontáneamente en la naturaleza, serían cambios positivos de la entropía, mientras que los antinaturales, que requieren energía para suceder, los consideraría cambios negativos. Una tarta de manzana enfriándose en el antepecho de la ventana es un ejemplo de cambio positivo (la tarta cede calor de manera espontánea al ambiente hasta que las temperaturas de la tarta y del aire se igualan), y un frigorífico enfriando alimentos constituye un cambio negativo (el interior del frigorífico, más frío, cede calor al ambiente, más caliente, a costa de un aporte de energía eléctrica).

Clausius comenzó a hacer sus cálculos, buscando que los cambios positivos y negativos se compensaran, lo que demostraría la existencia de una Ley de Conservación de la Entropía. El entusiasmo de Clausius duró poco al no encontrar lo que esperaba. Resulta que los cambios naturales superaban en mucho a los antinaturales. En el caso de la máquina de vapor se dan varios procesos naturales: el calor pasa de la caldera caliente al radiador frío; la propia máquina, toda ella funcionando a una temperatura elevada, emitía calor al ambiente; la fricción de las piezas móviles desperdician energía en forma de calor. Todos estos cambios naturales sobrepasan al único cambio antinatural: calor que se transforma en trabajo realizado por la máquina. Esto ofrecía una sorprendente conclusión. Si los cambios positivos superan a los negativos, la entropía aumentará constantemente. Y esto no sólo ocurría con todas las máquinas de vapor del mundo, sino con todas las demás máquinas de cualquier índole, incluyendo cualquier otra máquina ¡aún por inventar! Este principio era universal. Nuestras máquinas, tanto las del siglo XVIII como las del XXI, nunca podrían tener un funcionamiento perfecto. Por más que la tecnología mejore, siempre habrá una porción de la energía que se disipe en el ambiente en forma de calor, por fricción o rozamiento de las piezas mecánicas. En el caso de los automóviles actuales, más de las tres cuartas partes de la energía contenida en la gasolina es desperdiciada directamente a la atmósfera como calor, traduciéndose como trabajo útil en el mejor de los casos un modesto 25%. Ni siquiera los seres vivos podemos escapar de este inexorable aumento de entropía. El balance siempre se inclinará hacia el mismo lado. La energía puesta en juego en nuestro organismo, aportada por los alimentos, siempre supera a la empleada en el movimiento de nuestros músculos y la formación de nuevos tejidos, pues el resto se desperdicia en el medio con nuestros desechos (sudor, calor corporal, heces...).

Al final, Clausius descubre una ley universal, aunque no la que pensaba encontrar: la *Ley de la No Conservación de la Entropía*, más conocida como *Segunda Ley de la Termodinámica*. Mediante ella, el universo se comporta como un casino que vive a expensas de lo que pierden sus clientes. Las máquinas y los seres vivos deben pagar su apuesta en forma de energía perdida, que se transforma en beneficio para el universo. Mientras los clientes jueguen y pierdan, el casino seguirá abierto, pero el día que los jugadores lo hayan perdido todo, deberá cerrar para siempre. ¿Podrá un día suceder una cosa así? Y si ocurriera, ¿cuándo tendrá lugar? Un universo en el que todos los procesos naturales se hubiesen agotado, en donde todas sus fuentes de calor hubiese equilibrado sus temperaturas habría llegado al final de su existencia. Una inmensidad sin regiones calientes ni frías, sino con una tibia e inerte quietud. La *muerte térmica* del cosmos.

Esto no se trataba de ninguna profecía del fin del mundo. Era una realidad, más o menos lejana, anunciada por el comportamiento irreversible del calor. La entropía apuntaba, sin vacilaciones, cuál sería el destino último del universo, cuando llegara el tiempo en el que se hubiese cobrado su última apuesta.

El propio Clausius, que había descubierto la auténtica naturaleza del calor y que había imaginado el destino del universo, sufrió a sus 53 años la más dura apuesta en el casino cósmico. Su amada esposa Adelheid estaba dando a luz al sexto hijo del matrimonio. El parto estaba resultando especialmente complicado y Clausius esperaba impacientemente a que el médico lo diera por concluido. La habitación se llenó con el llanto del miembro más reciente de la familia, una preciosa niña. Sin embargo, su esposa no había sobrevivido al esfuerzo. El universo, de manera implacable, se había cobrado su tributo, pues siempre te quita más de lo que te da. La alegría por la llegada de la pequeña no podía compensar la pérdida de su querida "Adie", de cuya mano se disipaba el calor para siempre.

El río de la vida

Las leyes de la termodinámica

1ª ley: No puedes ganar, sólo puedes empatar.
2ª ley: Puedes empatar sólo en el cero absoluto.
3ª ley: No puedes alcanzar el cero absoluto.

Conclusión: No puedes ganar ni empatar.

The American Scientist, marzo 1964.

En 1866, un año después de que Clausius acuñara el concepto de entropía, el físico Ludwig Boltzmann se graduaba en la Universidad de Viena. Boltzmann estaba muy interesado en comprender la naturaleza del calor, y la idea esencial provenía de una observación que realizó Benjamin Thompson, conde de Rumford. Al trasladarse a Baviera, el gobernador puso a Rumford al frente de la supervisión de la construcción de cañones para la defensa de las fronteras. En el proceso de taladrar el ánima del cañón, Rumford observó que se desprendía una cantidad de calor considerable. Dispuesto a experimentar, rebuscó entre los taladros hasta encontrar uno completamente romo y desgastado. Se dirigió hacia los obreros y les dijo: "Utilizad éste". Los trabajadores, sin comprender su petición, hicieron lo que les ordenaba. El taladro giró sin hacer mella en el metal, pero produjo más calor que al utilizar uno bien afilado. Y continuaron los experimentos. En otra prueba, empleó agua para refrigerar el taladro y el cañón. Rumford midió el aumento de temperatura y comprobó la sorpresa de los presentes ante la gran cantidad de agua que se calentaba, y que incluso llegaba a hervir sin estar sometida a fuego alguno.

El escepticismo de Rumford dio sus frutos. El calor no podía ser un fluido, pues parecía salir del taladro y del cañón de manera ilimitada, e imaginó que debía de tratarse de una forma de movimiento. A medida que el taladro rozaba con el metal, se producían pequeños pero rápidos desplazamientos de las partículas que constituían el bronce. El calor era producido por los movimientos de las partículas, y se produciría de manera indefinida mientras el taladro girara.

Esta intuición sobre partículas moviéndose de manera desordenada sería clave para los revolucionarios hallazgos que realizaría Boltzmann. En particular, estaba interesado en comprender las consecuencias de la Segunda Ley de la Termodinámica, pues a raíz de que Clausius la enunciara surgió un serio problema. La Segunda Ley concluye que todos los fenómenos naturales son irreversibles y, por tanto, ocurren espontáneamente sólo en un sentido: hacia delante en el tiempo. Sin embargo, las demás leyes de la física son reversibles y válidas hacia delante y hacia atrás en el tiempo. De esta manera, la termodinámica nos dice que un vaso que cae al suelo y se rompe, no vuelve a recomponerse por sí sólo. Pero con las leyes de Newton podemos predecir tanto un eclipse que sucederá en el futuro, como retroceder en el tiempo para encontrar un eclipse que aconteció en el pasado. Esta es la paradoja a la que

Boltzmann quería dar respuesta. ¿Por qué los fenómenos naturales ocurren sólo en una dirección? ¿Qué determina la flecha del tiempo?

La estrategia de Boltzmann para abordar estas ambiciosas cuestiones difiere radicalmente del pensamiento de los físicos a finales del siglo XIX. Si un físico de la época tuviera que estudiar, por ejemplo, el movimiento de un río, debería analizar la posición y la velocidad de cada gota de agua para predecir de manera exacta el curso del río. Si Boltzmann se hubiese encargado de la misma tarea, consideraría el movimiento de *la mayoría* de las gotas de agua, pues a pesar de que algunas de ellas formen remolinos, otras retrocedan, y otras salpiquen la orilla abandonando el cauce, no afectaría al movimiento general del río. En resumidas cuentas, Boltzmann propuso introducir el cálculo estadístico para estudiar el movimiento global de los átomos. Esta propuesta causó serio disgusto en la comunidad científica por un doble motivo. El cálculo estadístico suponía conocer las cosas de manera aproximada y no con absoluta certeza, y además la existencia de los átomos como constituyentes de la materia era negada por muchos.

Boltzmann se basaría en los estudios hechos por el físico James Maxwell, que llegó a determinar que los anillos de Saturno no podían estar compuestos por discos sólidos, sino por una infinidad de cuerpos pequeños orbitando alrededor del planeta. De igual manera que estos anillos, los gases también están formados por un número elevadísimo de partículas que se mueven sin cesar. Tanto Maxwell como Boltzmann consideraban absurdo e impracticable estudiar el comportamiento de un gas analizando la velocidad de cada partícula. De modo que aplicando la estadística se comprobó que, aunque algunas partículas del gas se movían rápidamente y otras más despacio, la inmensa mayoría de ellas se movían a una velocidad promedio que aumentaba con la temperatura. La intuición del conde de Rumford resultó ser cierta. El calor no es más que la manifestación del movimiento de las partículas, y la temperatura es la medida directa de la velocidad a la que se mueven.

74

La naturaleza del calor había sido, finalmente, desentrañada. Pero la naturaleza del tiempo seguía siendo un misterio, y Boltzmann continuó trabajando para desvelarla. Antes de 1850 el empleo de la estadística para el cálculo de probabilidades era completamente desconocido. Además, los científicos pensaban que recurrir a ésta debía ser el último recurso. La ciencia debía analizar los fenómenos de manera exacta y precisa, mientras que recurrir a la estadística implicaba conformarse con estudiar las cosas de forma aproximada al no disponer de toda la información necesaria. Boltzmann no pensaba de esta manera, pues consideraba que la estadística sería el único camino para abordar cuestiones que se resistirían a otro tipo de estudio. Este pensamiento está plenamente aceptado hoy día, en un mundo donde la estadística se ha convertido en una potente herramienta para diversas ciencias.

Boltzmann consideraba que el siglo XIX era, sin duda, "el siglo de Darwin" al mostrar que la inmutabilidad de las especies era sólo una apariencia. Admiraba profundamente al naturalista que había sido capaz de concebir la vida como un proceso continuo de evolución. La vida como el río que fluye, siempre el mismo río pero siempre diferente, que sortea obstáculos, se bifurca y cambia constantemente. La semejanza entre las investigaciones de Boltzmann y Darwin es asombrosa. Darwin estudió poblaciones, no individuos, para comprender cómo actúa la selección natural favoreciendo las variaciones de la especie que permiten una mejor adaptación al medio. Boltzmann consideró poblaciones de partículas para tener en cuenta un efecto que se perdería estudiando partículas individuales: las colisiones.

El comportamiento de los gases basado en los movimientos de sus partículas se dio a conocer como *teoría cinética*. Estos movimientos dan una explicación convincente afirmando que la temperatura de un gas es consecuencia de la velocidad de sus partículas, y la presión que ejerce sobre el recipiente que lo contiene es originada por las colisiones de las partículas con las paredes. Y estas colisiones iban a ser el instrumento mediante el cual Boltzmann intentaría aplicar a la física la teoría de la evolución de Darwin. Los choques entre partículas provocan que las posiciones y velocidades de éstas cambien a cada instante. Tras cada colisión, el estado de las partículas es diferente a si no se hubiera producido el choque. Un efecto parecido a este podemos experimentarlo paseando por la calle. Si damos unos pasos hacia delante e inmediatamente desandamos esos pasos hacia atrás, nos resulta sencillo reproducir las condiciones del punto de partida. Nuestro corto paseo ha sido reversible. Pero si nuestro paseo se prolonga, la situación del tráfico o la posición del sol ya no serán las mismas. Aunque demos marcha atrás para volver al punto de partida, las condiciones de nuestro entorno se habrán modificado. Y si además nos hemos encontrado a un viejo amigo con el que nos detenemos a conversar, aparecerán recuerdos y emociones que por el hecho de caminar hacia atrás no desaparecerán de nuestra memoria. Las condiciones han cambiado y nuestro punto de partida es irrecuperable. El paseo se ha vuelto irreversible. De esta manera, al mezclar en un recipiente dos gases a distinta presión y temperatura, las colisiones entre partículas modificarán sus velocidades, muy diferentes al principio y más similares hacia el final, cuando la mezcla ha alcanzado el equilibrio con una temperatura y presión constantes. Llegados a este punto, ya no podemos esperar que los gases retornen a su estado inicial y vuelvan a separarse como antes de la mezcla. Entonces, ¿qué relación hay entre la dirección en que suceden las cosas espontáneamente y la dirección del tiempo?

La explicación que Boltzmann propuso para esta ambiciosa pregunta fue absolutamente revolucionaria y, como tal, ni entendida ni aceptada por sus colegas. Imaginemos un gas compuesto sólo por cuatro partículas y encerrado en un recipiente dividido en cuatro secciones. Si el gas está confinado en una de estas secciones y abrimos los tabiques de separación, el gas tenderá a expandirse ocupando todo el volumen del recipiente. Sin embargo, una vez que

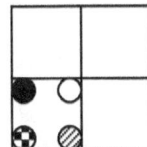

Figura 13. Única disposición posible de cuatro
partículas reunidas en una de las cuatro secciones.

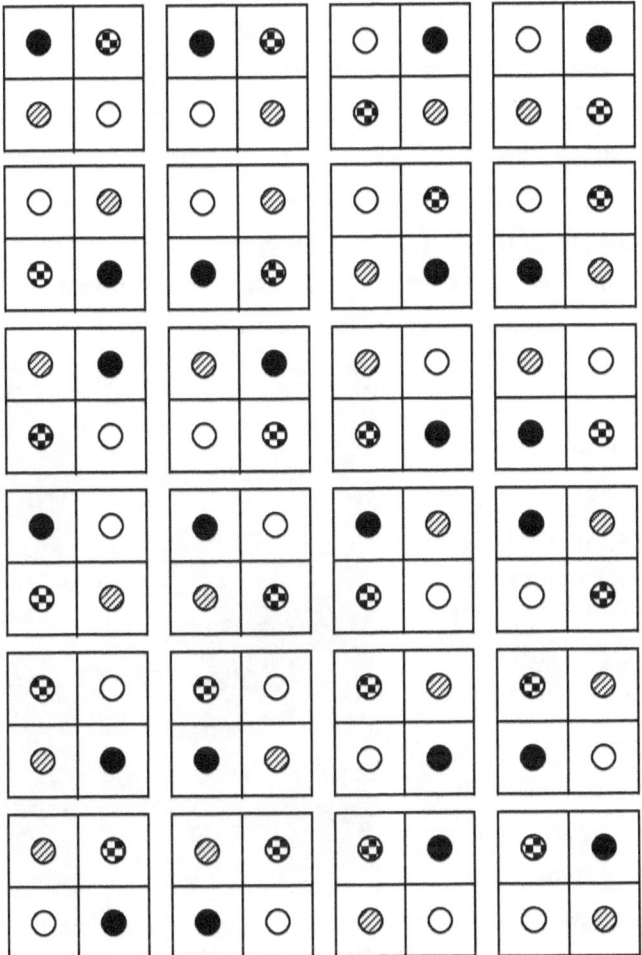

Figura 14. Las veinticuatro disposiciones posibles en
que pueden distribuirse cuatro partículas en cuatro secciones.

el gas ocupa todas las secciones, no tenderá por sí sólo a encerrarse en una de ellas como al principio. Si echamos mano de las probabilidades, comprobaremos que sólo existe una manera de que el gas se encuentre encerrado en una de las secciones: con las cuatro partículas juntas (figura 13). Pero existen veinticuatro maneras diferentes de combinar las cuatro partículas del gas entre las cuatro secciones (figura 14). De esta manera, Boltzmann afirmaba que el fenómeno sucede exclusivamente en la dirección de los estados más probables. Existen muchas más formas de que el gas se encuentre ocupando todo el volumen que formas de que se encuentre acumulado en un rincón, de igual manera que existen muchas más formas de que un jarrón esté roto, y sólo una manera de que se encuentre de una pieza. Los fenómenos ocurren en el sentido de aquellos estados con mayor probabilidad de suceder.

Este razonamiento de Boltzmann se representa matemáticamente en una sencilla y elegante expresión que aparece grabada en la tumba del físico (figura 15)

$$S = k \log W$$

Mucho menos conocida que la célebre $E = mc^2$ deducida por Einstein, pero con una trascendencia comparable. La fórmula de Boltzmann relaciona el mundo microscópico con el macroscópico, pues logra explicar cómo el

Figura 15. Tumba de Boltzmann, en cuya parte superior aparece grabada la fórmula que dedujo.

comportamiento de las partículas condiciona el estado de todas ellas en conjunto, provocando que surja la dirección del tiempo. Mientras una partícula aislada puede actuar de manera reversible retrocediendo al punto de partida, un número considerable de ellas interaccionan entre sí haciendo imposible la vuelta atrás. El tiempo germina desde lo muy pequeño para manifestarse en lo muy grande.

Una vida en desorden

Piensa: el héroe sigue en pie, aun el ocaso fue para él
sólo un pretexto para ser: su último nacimiento.

Elegías de Duino. **Rainer Maria Rilke.**

Boltzmann había encontrado una de las ecuaciones fundamentales para el funcionamiento del mundo. Una ecuación que tiene la fuerza de una revelación. Mientras las leyes de Newton gobernaban las órbitas de los planetas, eternas e inmutables en los dominios celestes y lejos de nosotros, Boltzmann logra introducir la noción de tiempo real, el tiempo que forma parte de nuestra experiencia al vivir, al evolucionar, al envejecer.

Su extraordinaria mente también se interesó por los avances de la tecnología, en particular por el desarrollo de la aviación. Donde los demás veían máquinas más pesadas que el aire que jamás podrían elevarse, Boltzmann veía el futuro de un transporte prometedor. Mantenía correspondencia con uno de los pioneros de la aeronáutica, Otto Lilienthal, siguiendo de cerca sus ensayos con planeadores. En 1894 celebró una conferencia con el título "Sobre la navegación aérea" para defender los estudios en este campo y conseguir apoyo gubernamental. En el transcurso de su conferencia, presentó un pequeño prototipo construido por otro precursor de la aviación, Wilhelm Kress (diseñador del primer ala delta), que hizo volar a lo largo de la sala para asombro y divertimento del público. Al contrario que Lilienthal, que trataba de imitar el batir de las alas de los pájaros, Boltzmann estaba convencido que la propulsión necesaria sólo podría conseguirse a través de un "tornillo aéreo": la hélice. Observando a las aves de presa, Boltzmann se había percatado que las grandes velocidades que alcanzan les permiten mantener el vuelo sin apenas mover sus alas, por lo que la propulsión debía posibilitar alcanzar estas grandes velocidades.

Curiosamente, el movimiento constante y las colisiones de las partículas de un gas como el aire, no sólo permitieron a Boltzmann obtener sus asombrosas conclusiones sobre la irreversibilidad de los fenómenos, sino que también posibilitan el vuelo de una aeronave. Si las partículas tuvieran un comportamiento individual, como pensaban los físicos de la época, y pudieran regresar a su posición inicial sin ninguna restricción, la conducta de los gases sería muy diferente. Podríamos hacer volver al frasco de aerosol el ambientador que pulverizamos al ambiente, o el humo de una habitación podría acumularse en un rincón tan fácilmente como se dispersa, pero sin embargo la aviación sería totalmente imposible.

De personalidad entusiasta, sensible y muy afable, Boltzmann mantenía excelente relación con sus colegas, inclusive con los más firmes opositores de sus ideas. Era especialmente considerado con sus alumnos, con los que organizaba seminarios avanzados en su casa, al final de los cuales incluso los deleitaba al piano con alguna pieza de Beethoven, su compositor favorito. Era un excelente comunicador dotado de una manera de expresarse clara y atractiva, mezclada con dosis de humor ingenioso y anécdotas estimulantes. Sus conferencias siempre eran un éxito de asistencia, con una audiencia ávida de escucharlo, entre los que se llegó a encontrar el mismísimo emperador Francisco José. Los estudiantes que asistían a sus clases, entre los que se encuentran varios Premios Nobel como la física Lise Meitner, salían del aula con la sensación de que un mundo nuevo y fascinante les acababa de ser revelado.

Hacia el final de su vida, su estado de salud físico y psíquico se fue deteriorando considerablemente. Sufría fuertes ataques de asma y su vista empeoraba. Su esposa Henriette junto con un asistente, leían los artículos a Boltzmann y se encargaban de redactar los textos que él les dictaba. La severa oposición de otros físicos hacia su trabajo, que no aceptaban ni la existencia de los átomos ni el uso de la estadística como método fiable de investigación, afectó mucho a su ánimo y a la confianza en sí mismo. Solía bromear sobre la causa de sus repentinos saltos de la euforia a la más profunda tristeza, alegando que no podía ser de otra manera al haber nacido la noche del Martes de Carnaval al Miércoles de Ceniza.

En mayo de 1906, diagnosticado de neurastenia, tuvo que abandonar toda actividad en la Universidad de Viena. Entonces, Henriette sugirió que sería un buen momento para tomar unas vacaciones. El lugar elegido fue la localidad de Duino en la provincia de Trieste, al noreste de Italia. La esposa de Boltzmann tenía muchas esperanzas depositadas en este viaje para la recuperación de su marido, alejado del trabajo y los conflictos. Sin embargo, el 5 de septiembre de 1906 Boltzmann puso fin a su vida utilizando una cuerda corta atada a una ventana. Tenía 62 años. Como la vida de cualquier ser vivo, la de Boltzmann también estuvo gobernada por la constante lucha contra el desorden hacia el que se dirige el universo. Una vida que se automantiene oponiéndose a esta tendencia natural, hasta que llega el momento de la muerte, único instante en el cual el ser vivo como sistema que obedece las leyes de la termodinámica, alcanza el equilibrio con su entorno.

Casi un año antes, en junio de 1905, Boltzmann realizó un viaje a Estados Unidos que sería el último brillo en su vida. Él mismo dejó testimonio de su periplo por tierras americanas con el título "Viaje de un profesor alemán a El Dorado", donde describe con mucha agudeza su relación con la sociedad californiana y su cultura. Su disfrute ya comenzaba con el trayecto en trasatlántico para gozo de sus sentidos. "Una buena cocina para deleitar el gusto y una buena orquesta, el oído". La vida a bordo de una nave le parecía especialmente confortable, "particularmente para aquellos a los que Dios ha librado de los mareos y les ha dado la habilidad de observar imperturbablemente a toda esa gente tendida en la cubierta". Al llegar a Nueva York le embarga una especie de éxtasis. "¡Esos imponentes edificios y la Estatua de la Libertad dominándolo todo! Y a cada instante los buques silbándose y cantándose unos a otros. Si fuera músico, compondría la sinfonía El Puerto de Nueva York".

Tras cuatro días de traqueteo y sacudidas en el ferrocarril, Boltzmann llega finalmente a la Universidad de Berkeley donde ha de pronunciar unas conferencias. "Hasta ese momento mi estómago se había mantenido sano, a pesar de la comida poco familiar. Pero Berkeley es abstemia: beber o vender cerveza o vino está estrictamente prohibido. Ante ello, decidí probar el agua y mi estómago se rebeló. Al día siguiente, me animé a preguntarle a un colega dónde podía comprar vino. Miró ansiosamente alrededor por si alguien escuchaba, escrutándome con la mirada para comprobar si podía confiar en mí, y me facilitó una dirección donde venden vino californiano. Me las arreglé para contrabandear una batería completa de botellas de vino para algarabía de mi estómago que se restableció asombrosamente rápido".

Comprueba con agrado que el papel de las mujeres en la universidad es de la misma importancia que el de los hombres, poniendo como ejemplo que "una de mis colegas - recuerdo su nombre: Miss Lilian Seraphine Hyde - dio una lección sobre preparación de ensaladas y postres, que fue anunciada exactamente como las de física que yo debía impartir". También tuvo la oportunidad de visitar el observatorio Lick, situado en el Monte Hamilton. Con su telescopio habían realizado uno de los mayores descubrimientos astronómicos de la época: las lunas de Marte.

En una visita dominical, Boltzmann se dirigió hacia los balnearios de Monterrey, Santa Cruz y Pacific Grove, una zona de acantilados con bellas vistas al Pacífico, aunque en realidad su interés se centraba en una pequeña casa en Pacific Grove donde el profesor Loeb tenía su laboratorio (figura 16). Boltzmann admiraba a los investigadores que obtenían grandes logros con medios modestos, y el caso de Loeb era un claro ejemplo.

Figura 16. Laboratorio marino Hopkins, lugar de trabajo de Jacques Loeb.

Jacques Loeb realizó estudios de biología y fisiología en su Alemania natal, y tras trabajar en las universidades de Estrasburgo y Nápoles, se traslado a Estados Unidos en 1891, donde fue profesor en Pennsylvania y Chicago. En 1902 fue requerido por la Universidad de California para proseguir las investigaciones que había iniciado tres años antes. Loeb continuó su trabajo a orillas del Pacífico durante siete años en lo que consideraba el verdadero Edén de California.

En 1899 había descubierto que tratando huevos de erizo marino con determinadas soluciones salinas, podía iniciar el desarrollo embrionario sin que el huevo hubiera sido fecundado. Esta forma de reproducción llamada *partenogénesis* era ya conocida en numerosos insectos. En el caso de las abejas, por ejemplo, los huevos siempre se desarrollan hayan sido o no fecundados. Si no se fecundan se originan machos, y si se fecundan nacen hembras, las cuales en función de la alimentación que reciba la larva se convierten en obreras o reinas. Sin embargo, los experimentos de Loeb fueron los primeros que consiguieron estimular de manera artificial el desarrollo del huevo. Boltzmann captó la importancia del descubrimiento ya que demostraba que los procesos de la vida no requerían la intervención de ninguna "fuerza vital", sino que podían ser generados mediante reacciones químicas ordinarias.

Boltzmann se quedó en el borde de avances de la ciencia que él mismo ayudó a anticipar. No llegó a traspasar la frontera entre la incomprensión de sus trabajos y la aceptación de su punto de vista, que abriría nuevas vías de exploración científica. De haber vivido unos años más, habría visto comprobada la hipótesis de la que estaba convencido: la existencia de los átomos. El "paseo del borracho", aquella misteriosa danza de los granos de polen en el seno de un líquido, finalmente, revelaría su enigma. Los trabajos de Einstein en 1905 y de Perrin en 1908 sobre el movimiento browniano demostraban que el errático movimiento del grano de polen era provocado por los innumerables choques de las partículas del líquido en constante agitación. El movimiento browniano había contribuido a hacer algo más visibles los átomos, ya que mostraban un efecto al ojo desnudo y hacía de su existencia algo indiscutible. Pero Boltzmann aún pudo haber conocido otra revolución en la física: el estudio del mundo subatómico que fundó la mecánica cuántica.

En 1905, otro trabajo de Einstein daba explicación teórica a otro misterioso fenómeno, el *efecto fotoeléctrico*. Hasta ese momento, se sabía que un metal desprendía electrones si era iluminado por luz de una determinada frecuencia[4]. Lo extraño es que para cada metal existía una frecuencia mínima por debajo de la cual no se conseguían arrancar electrones, por grande que fuera la intensidad de luz. Einstein se basó en el trabajo del físico Max Planck que proponía que la luz (y, por extensión, cualquier otra forma de energía) no se transmite de manera continua, sino de manera

---

[4] La frecuencia se define como el número de veces que se repite una onda en cada segundo. En el sonido, la frecuencia permite distinguir tonos agudos y graves. En la luz, permite distinguir los diferentes colores.

discreta en pequeñísimos paquetes llamados *cuantos*. Si los cuantos emitidos no poseen energía suficiente, no lograrán desprender electrones. Con la frecuencia adecuada, el cuanto de luz tiene la energía necesaria para que el electrón se desprenda del metal. En definitiva, una explicación posible gracias a considerar que la luz está formada por cuantos, conocidos como *fotones*.

Si a Boltzmann le hubiera dado tiempo conocer estos descubrimientos de la física, seguro que hubiera sonreído socarronamente, sin resistirse a lanzar alguna broma de las suyas al respecto. Tanto la materia como la energía parecen haber surgido con la intención de poner a prueba nuestro sentido común, como queriendo divertirse con nuestra confusión. Resulta que partículas como los electrones son capaces de comportarse también como ondas, y un fenómeno como la luz, producido por ondas, también está formado por partículas. Esta dualidad partícula-onda es la que Schrödinger propuso estudiar empleando probabilidades, como preconizaba Boltzmann al señalar que los fenómenos definen la dirección del tiempo al evolucionar hacia estados más probables. Por tanto, una partícula deja de tener un lugar preciso y un movimiento que podamos determinar con precisión, pues al poseer también carácter de onda sólo es posible ubicarla en una región del espacio donde es bastante probable encontrarla. Esto es todo lo que podemos acercarnos, y no es debido a que necesitemos instrumentos de medida más exactos. Es una propiedad intrínseca de la materia a escala microscópica, por lo que a este nivel la ciencia ha tenido que acostumbrarse a dejar de lado la precisión que siempre ha perseguido para comenzar a sustituirla por la incertidumbre.

Lo real y lo posible. Dinámica vs. Termodinámica

El ideal de la ciencia, en tanto que trata de entender las leyes que gobiernan la naturaleza, ha estado dirigido por el determinismo. Este paradigma sostiene que, a pesar de la complejidad del mundo, existen principios o reglas predeterminadas que permiten comprender y predecir los fenómenos. Esta tendencia tuvo su momento álgido con Newton, al enunciar las leyes del movimiento que llevan su nombre. El movimiento de cualquier objeto en la Tierra, así como el de las órbitas de los astros quedaba absolutamente predeterminado, tanto hacia el pasado como hacia el futuro. Con esta visión, la ciencia haría el mundo inteligible pero carente de realidad. Si todo puede ser predicho de antemano conociendo las leyes correspondientes, ¿dónde queda la libertad de decisión? ¿Dónde nuestra experiencia de la realidad? El paso del tiempo no aportaría creatividad ni novedad al mundo, sólo sería la sucesión de hechos anunciados. Ya Vladimir Nabokov llamó la atención sobre ello afirmando que "aquello que puede ser controlado jamás es totalmente real, lo que es real jamás puede ser totalmente controlado".

Hace un siglo el filósofo Henri Bergson señalaba una preocupación en su libro *La evolución creadora*: el éxito de la ciencia se ha basado en negar el tiempo. En efecto, las leyes de Newton funcionan igual de bien marcha adelante que marcha atrás. Las ecuaciones del movimiento ofrecen resultados válidos tanto si la flecha del tiempo avanza como si retrocede. Es una ciencia que nos ha mantenido al margen como humanos, oponiendo el mundo descrito y a quien lo describe. Nuestra percepción, nuestros sentidos quedan fuera del hecho científico para que nuestra subjetividad no altere el resultado. Y negar el tiempo es una de las maneras más persistentes en que la ciencia ha apartado la experiencia humana de la explicación del mundo.

A principios del siglo XX, con la aparición de la teoría de la relatividad y la mecánica cuántica, la física se enfrenta a una situación incómoda. El observador altera inevitablemente la realidad observada, realidad de la que forma parte de manera indisoluble. La relatividad de Einstein elimina de un plumazo la posibilidad de decidir si dos sucesos ocurren simultáneamente. Dos observadores con diferente estado de movimiento tendrán diferente opinión sobre si los sucesos han tenido lugar a la vez o no. Además, cuanto más próxima sea la velocidad de cada observador a la de la luz, más lentamente transcurrirá el tiempo para él. Este tiempo relativo, dependiente de con respecto a qué nos movamos y a qué velocidad, es lo que hace pensar a Einstein que el tiempo está ligado a la experiencia humana y que constituye, desde el punto de vista de la ciencia, un fenómeno ilusorio. Por su parte, la mecánica cuántica comprueba que la manifestación de la realidad depende de la presencia del observador. Recordemos los electrones que se comportaban como ondas al atravesar de manera simultánea dos rendijas, y que actuaban como partículas en cuanto un detector trataba de averiguar por cuál de las rendijas había pasado. El observador es el que determina lo que le ocurre al gato vivo-muerto de Schrödinger. Entonces, ¿existe la realidad de manera independiente o en función de nuestra existencia? Ambas posturas aparecen enfrentadas en el diálogo que mantuvieron Albert Einstein y el poeta y filósofo Rabindranath Tagore en la residencia del físico, situada en Kaputh (Berlín), el 14 de julio de 1930:

[...]

Einstein: Entonces, La verdad o la belleza, ¿no son independientes del hombre?

Tagore: No.

E: Si no existiera el hombre, el *Apolo* de Belvedere ya no sería bello.

T: No.

E: Estoy de acuerdo con esta concepción de la belleza, pero no que sea aplicable a la verdad.

T: ¿Por qué no? La verdad se concibe a través del hombre. [...]

E: El problema se plantea en si la verdad es independiente de nuestra conciencia. Incluso en nuestra vida cotidiana, nos vemos impelidos a atribuir una realidad independiente del hombre a los objetos que utilizamos. Aunque, por ejemplo, no hubiera nadie en esta casa, la mesa sigue estando en su sitio.

T: La ciencia ha demostrado que la mesa, en tanto que objeto sólido, es una apariencia y que, por lo tanto, lo que la mente humana percibe en forma de mesa no existiría si no existiera esta mente. [...] En cualquier caso, si hubiera alguna verdad totalmente desvinculada de la humanidad, para nosotros sería completamente inexistente. [...] Está la realidad del papel, infinitamente distinta a la realidad de la literatura. Para la polilla que devora el papel, la literatura es una realidad inexistente. Para el ser humano, la literatura tiene un valor de verdad mayor que el propio papel. De igual manera, si hubiera alguna verdad sin relación sensorial o racional con la mente humana, seguiría siendo inexistente mientras continuáramos siendo seres humanos.

Por lo tanto, ¿cómo mirar el mundo de aquí en adelante? Para comprender un suceso producto de la historia, como la aparición de la vida, ha de dotarse a las leyes de la física de la noción de tiempo que transcurre en una dirección, tan ausente en las leyes descubiertas desde Newton hasta hoy y, sin embargo, tan familiar y necesaria en nuestra experiencia de la realidad. Es el momento de entablar un nuevo diálogo del ser humano con la naturaleza. Y uno de los mejores interlocutores para este nuevo encuentro ha sido, sin ninguna duda, el químico Ilya Prigogine. Prigogine nace en Moscú el 25 de enero de 1917. Tras la Revolución Rusa su familia decidió emigrar hacia Alemania en 1921, para establecerse definitivamente en Bélgica a partir de 1929. Es en la Universidad Libre de Bruselas donde completa su formación en química, y se convierte en sucesor del trabajo iniciado por Théophile De Donder sobre termodinámica de procesos irreversibles. Estudiar los procesos naturales, en tanto que irreversibles, no era bien comprendido en esa época, pues se veía únicamente como una manera de complicar las cosas. De hecho, cuando Prigogine en 1946 presentó una conferencia sobre termodinámica irreversible, uno de los mayores expertos en la materia comentó: "Me asombra que este joven tenga tanto interés en la física del no-equilibrio. Los procesos irreversibles son transitorios. ¿Por qué no esperar y estudiar el equilibrio como todo el mundo?". Prigogine quedó tan sorprendido que no tuvo el ánimo de contestarle: "¡Pero nosotros somos seres transitorios! ¿No es natural interesarse por esta condición en común con los humanos?

En efecto, Prigogine no entendía por qué debía uno esperar a que se produjera el equilibrio, a que todo quedase detenido para estudiarlo. Si se aplicara esta idea a la medicina, sólo se estudiaría el cuerpo humano una vez estuviera en equilibrio con el entorno, esto es, muerto. No existirían, por tanto, médicos que estudiaran síntomas y procesos del organismo para prevenir o curar enfermedades, sino sólo aquellos que practicaran autopsias. Esta termodinámica ni siquiera merecería tal nombre, sino que debería denominarse "termoestática", la ciencia que trataría de los sistemas dinámicos y que espera a que se detengan para estudiarlos.

Al impulsar el estudio de los procesos irreversibles, Prigogine plasma la idea de Bergson que hablaba del tiempo como "brote efectivo de novedad imprevisible". La irreversibilidad de los procesos naturales, esta imposibilidad de marcha atrás, es la que posibilita que existan coherencias en el universo. Que exista química, que exista vida y, por supuesto, culturas humanas, ya que sin una noción de tiempo que transcurra sólo en una dirección, incluso la adquisición de conocimiento es una utopía. El Big Bang como inicio mismo del universo constituye el proceso irreversible por excelencia que, sin posibilidad de retroceder, sólo pudo avanzar desarrollando todo su potencial creativo en espacio, materia y energía. En este sentido, son las interacciones entre los elementos lo que construye la novedad. Así, Prigogine reflexiona "cuando se comparan dos sociedades como la sociedad del Neolítico con la actual, no es que los hombres tomados individualmente sean distintos, más o menos inteligentes, sino que las relaciones entre individuos han experimentado un cambio radical". Y precisamente la dinámica de las interrelaciones es lo que hace que nuestro futuro sea incierto y muy poco previsible.

¡Camarero, un Negroni ergódico!

La incertidumbre que rodea los sistemas dinámicos puede ilustrarse muy bien al observar lo que ocurre en el seno de una bebida inventada en la Florencia de los también inciertos y turbulentos años 20. El conde Camillo Negroni gustaba de las reuniones donde hablar de política, y solía hacerlo en el Café Casoni. El barman servía habitualmente al conde un Americano, cóctel a base de vermut y campari. Negroni con el tiempo se cansó de esta bebida y se le ocurrió probar una variante. Mezclando un tercio de ginebra, un tercio de vermut y un tercio de campari nacía el cóctel que lleva el nombre del distinguido cliente.

Sin embargo, desde el punto de vista de la termodinámica, lo más interesante del cóctel Negroni no es su degustación sino lo que ocurre mientras se elabora. Según los entendidos, el Negroni debe prepararse directamente en el vaso, de manera que situémonos en el momento en el que se comienza a verter el vermut y el campari sobre la ginebra. Un frente rojizo e irregular comienza a distribuirse por todo el volumen del líquido. Si se espera el tiempo suficiente, el color se habrá distribuido uniformemente. Boltzmann pensaba que en los gases ocurría de forma similar, lo que le llevó a formular su *hipótesis ergódica*: "Al cabo de un período suficientemente largo de tiempo, la mayoría de las partículas se pueden encontrar en cualquier parte del espacio de fases con igual probabilidad". Boltzmann introdujo el término *ergódico* para definir sistemas como el del vaso de cóctel. Observando la evolución de una mancha visible durante un período largo de tiempo, el rastro que deja acaba llenando todo el volumen. Tras este proceso, a nivel macroscópico se ha producido una mezcla aparentemente homogénea que, sin embargo, a nivel microscópico continúa presentando movimientos muy complejos e impredecibles. Esta es la esencia del caos. Asumir la constante presencia de la incertidumbre en la experiencia de la realidad.

¿Y qué tal una partida de billar tras haber disfrutado del cóctel? Pero permítame elegir el tipo de mesa para la partida. Ha de ser cuadrada y con un obstáculo circular en su centro. Es conocida como *billar de Sinai* (figura 17), en honor al matemático ruso Yakov Sinai, pionero en estudiar este tipo de

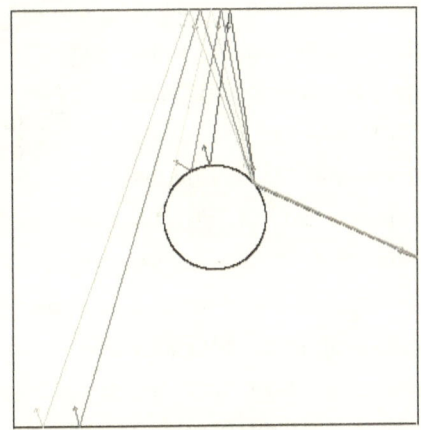

Figura 17. Billar de Sinai mostrando varias trayectorias que puede seguir la bola.

sistemas. En apariencia, el comportamiento de la bola sobre esta peculiar mesa es completamente determinista. Conocida la posición y velocidad de la bola puede deducirse su trayectoria mientras choca con las bandas como en un billar tradicional. No obstante, tarde o temprano la bola colisionará con el círculo central y es aquí donde la cosa se complica. Trayectorias prácticamente coincidentes o con muy poca diferencia acaban separándose y discurriendo de manera muy distinta, resultando muy difícil predecirlas de antemano. Se ha convertido en un sistema caótico al volverse muy sensible a las condiciones iniciales.

Ya que hemos terminado nuestro aperitivo y jugado en tan extraño billar, dirijámonos a la cocina a ver que tal anda el almuerzo. Sobre el fuego se está calentando una sartén con abundante aceite. El calor se transmite desde el fondo hasta la superficie del aceite por conducción, esto es, mediante las colisiones cada vez más rápidas de las partículas del fluido. A

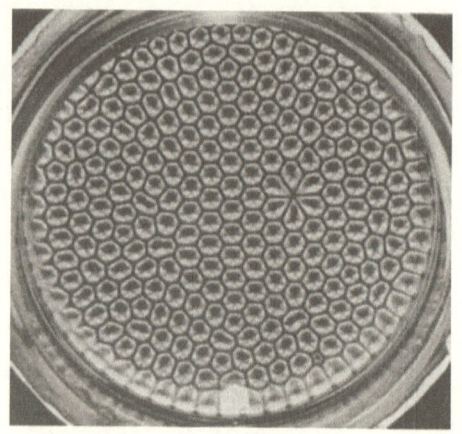

Figura 18. Células de Bénard sobre la superficie de un líquido.

medida que el aceite se calienta, aparece una diferencia de temperatura entre el fondo y la superficie que se va incrementando. Cuando el flujo de calor alcanza un valor crítico, el sistema se vuelve inestable y sufre una transformación. La superficie del aceite comienza a dividirse en formas hexagonales como el panal de una colmena (figura 18). El sistema ha cambiado su estructura para volverse más eficaz en la transferencia de calor, que ahora se realiza también por convección mediante el movimiento vertical del fluido en cada celda hexagonal (figura 19).

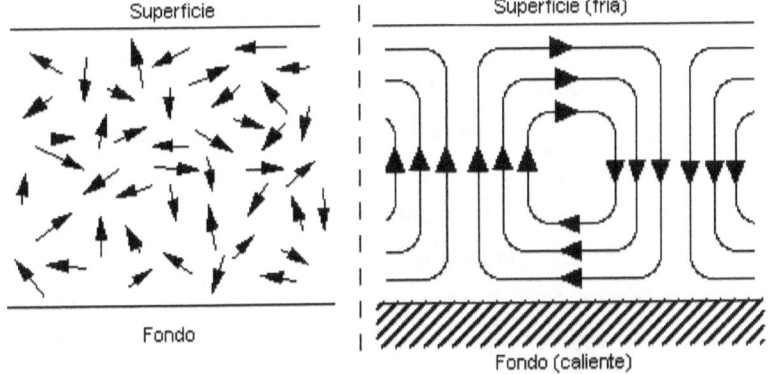

Figura 19. Movimiento de las partículas de un líquido con temperatura uniforme (izquierda), y corrientes de convección ante la diferencia térmica entre el fondo y la superficie (derecha) que forma las células de Bénard.

Este fenómeno conocido como *células de Bénard* también se observa en los salares (figura 20), cuencas cerradas donde se acumula agua en época de lluvias y que se evapora durante la época seca. Por la acción del sol, se producen células de

Figura 20. Células de Bénard formadas en un salar mediante evaporación.

Bénard que arrastran la sal hacia los bordes de las celdas, quedando grabada la estructura poligonal.

Este comportamiento posee unas características bien definidas. Se da en sistemas capaces de autoorganizarse, de formar estructuras coherentes, y además que sucedan lejos del equilibrio. Prigogine crea el concepto de *estructura disipativa* para este tipo de sistemas. No es solamente una idea novedosa, sino completamente opuesta a la idea que se tenía hasta entonces sobre la degradación de la energía. Nada inclinaría a pensar que al calentar una sartén con aceite pudiera suceder nada extraordinario. Sencillamente, la energía química del combustible se transforma en energía calorífica que eleva la temperatura del aceite. Éste, al intentar recuperar el equilibrio con la temperatura ambiente, disipa el calor en el aire, convirtiéndose en energía degradada que se pierde para siempre. Lo que resulta sorprendente es que el sistema sea capaz de organizarse a sí mismo, de adoptar una estructura nueva, para disipar la energía al ambiente con más eficiencia.

Auméntense las dimensiones de la sartén hasta algo más de 12.000 km de diámetro, y cámbiese el aceite por rocas flotando en magma, y nos haremos una idea del fenómeno a escala planetaria. Los movimientos de convección originados en el manto terrestre para disipar el calor interno formarían células de Bénard gigantescas, que han fragmentado a lo largo de la historia los distintos supercontinentes de la Tierra, hasta llegar a la formación de los continentes actuales por la división de Pangea, el último supercontinente, hace 200 millones de años.

Cuando un poco de caos es beneficioso. Caos determinista.

Si existe alguna imagen de regularidad por excelencia y de movimiento ordenado y estable durante un gran lapso de tiempo, este es el Sistema Solar. Desde el descubrimiento de la ley de la gravitación universal por Newton, el movimiento de los astros sería absolutamente predecible. Cualquier evento astronómico podría determinarse previamente en un discurrir de orbitas precisas como un reloj. Pero incluso en esta aparente inmutabilidad, aparece una complejidad asombrosa. El matemático Henri Poincaré ya se había percatado de que un sistema de dos cuerpos, uno orbitando en torno al otro como la Tierra alrededor del Sol, era perfectamente determinista mediante la ley de la gravitación. Sin embargo, en cuanto se añade un tercer cuerpo como la Luna alrededor de la Tierra, el sistema deja de tener una solución sencilla. Pequeñas fluctuaciones de ese tercer cuerpo pueden afectar a los otros dos de manera considerable y difícil de prever. La interrelación de los planetas entre sí ha creado una dinámica en la que, paradójicamente, también el caos aparece para lograr un nuevo e insospechado orden.

Cada mundo dentro del Sistema Solar ha logrado su estado actual siguiendo caminos únicos. Tras una suerte de inestabilidades, bifurcaciones y colisiones se va decidiendo qué planetas se constituyen, cuáles se destruyen y qué otros ni siquiera llegan a formarse, hasta llegar a los supervivientes que muestran las huellas de una tormentosa historia. Mercurio, por ejemplo, el más cercano al Sol, tiene un eje de rotación sin inclinación alguna, lo que provoca la inexistencia de estaciones. Venus, el segundo en alejamiento del Sol es, sin embargo, mucho más caliente que Mercurio. A causa del extraordinario efecto invernadero de su atmósfera, con un 98% de dióxido de carbono, la temperatura de Venus es de unos 450ºC. Su rotación es retrógrada, con lo que un venusiano vería salir el Sol por el oeste y ponerse por el este. Es el único planeta cuyo período de rotación (243 días) supera al período de traslación en torno al Sol (224,7 días). Esto provoca que el lapso entre dos amaneceres sea de casi cuatro meses. Si su rotación sucediera en el mismo sentido que su traslación, el tiempo entre dos salidas del Sol se alargaría durante más de ocho años. En el otro extremo, el de los mundos gigantes y gaseosos, se encuentra otro ejemplo peculiar. Urano, quizá debido a una gran colisión, gira "tumbado". Su eje de giro es casi horizontal con respecto a su órbita. En él, cada estación dura unos veinte años. Durante el verano, cerca del polo norte donde se encuentra la zona tropical, veríamos el Sol describir círculos sobre nuestras cabezas sin ponerse nunca, mientras el hemisferio sur se hallaría en constante oscuridad. Pero las auténticas pruebas del caos como constructor de nuestro sistema planetario se encuentran en el área conocida como *cinturón de asteroides* y en las cercanías de Saturno.

El siglo XIX se estrenaba con el descubrimiento de un nuevo astro. El 1 de enero de 1801 se encontraba el asteroide Ceres (actualmente considerado planeta enano) situado entre Marte y Júpiter. La idea de que un planeta desconocido pudiera encontrarse entre éstos ya fue sugerida por el astrónomo alemán Johann Bode en 1768, basándose en una ley formulada por su compatriota Johann Titius dos años antes. La conocida como *ley de Titius-Bode* indica las distancias desde el Sol en las que deberían encontrarse los planetas, otorgando el valor 1 a la distancia Tierra-Sol.

PLANETA	DISTANCIA LEY TITIUS-BODE	DISTANCIA REAL
Mercurio	0,4	0,39
Venus	0,7	0,72
Tierra	1	1,00
Marte	1,6	1,52
Ceres	**2,8**	**2,77**
Júpiter	5,2	5,20
Saturno	10,0	9,54
Urano	**19,6**	**19,20**
Neptuno	38,8	30,06

Tabla 1. Comparación entre las distancias relativas obtenidas por la ley de Titius-Bode, y la distancia real de los planetas al Sol.

Los valores de la fórmula de Titius-Bode se ajustaban con bastante aproximación a los planetas conocidos hasta entonces (tabla 1). Los descubrimientos de Urano en 1781 y de Ceres en 1801 contribuyeron a respaldar la validez de la ley, ya que sus distancias también eran muy cercanas a las previstas. No obstante, a pesar de la coincidencia de los valores y de lo popular que se hizo, esta ley no tiene ningún fundamento demostrable más allá de la mera curiosidad astronómica. Más adelante se encontró que Neptuno, descubierto en 1846, no se ajustaba al valor dado por la fórmula, y que entre Marte y Júpiter no existía ningún planeta desconocido, sino una enorme cantidad de fragmentos de los cuales Ceres era el de mayor tamaño. La pregunta estaba servida: ¿Por qué en esta órbita repleta de asteroides de diverso tamaño no se había formado un planeta? ¿Quizá fue destruido en algún momento remoto?

Ocupémonos ahora de los anillos del gigante de gas. Como ya adelantamos, el físico escocés James Maxwell propuso que los discos de Saturno, lejos de ser sólidos, debían estar formados por multitud de diminutos fragmentos con órbitas independientes.

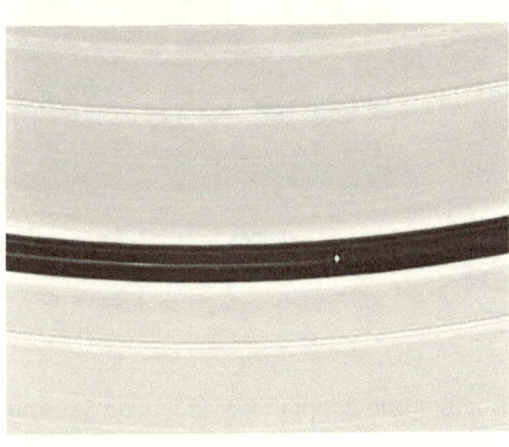

La primera objeción a que los discos fueran una capa continua de materia la realizó el astrónomo Giovanni Cassini en el siglo XVII, al observar una banda oscura que los separaba en dos anillos concéntricos. Esta división lleva hoy su nombre. Gracias a

Figura 21. División de Encke producida por el satélite Pan en los anillos de Saturno.

las imágenes tomadas por misiones espaciales como las Voyager o la sonda Cassini, se han descubierto divisiones adicionales en los anillos originadas por objetos muy particulares: los *satélites pastores*. Son pequeñas lunas que confinan el material de los anillos en franjas estrechas y bien delimitadas, logrando una estructura que alterna zonas claras (con mayor densidad de fragmentos) y zonas oscuras (prácticamente vacías).

El satélite Pan es el encargado de producir la llamada división Encke (figura 21). Como si de un barrendero cósmico se tratara, mantiene una amplia franja limpia de material a lo largo de su órbita. Pero también pueden realizar su labor en parejas. Es el caso de Pandora y Prometeo (figura 22), responsables de mantener uno de los anillos externos (el anillo F) dentro de una estrecha banda. Pandora, el satélite exterior al anillo, avanza a una velocidad menor que el anillo, por lo que ejerce de freno gravitatorio haciendo caer el material a una órbita más baja. De manera opuesta Prometeo, el satélite interior al anillo, avanza a mayor velocidad que éste impulsándolo hacia una órbita más alta.

Figura 22. Los satélites pastores Pandora y Prometeo orbitando junto al anillo F.

En realidad, la estructura que adoptan los anillos de Saturno sigue un patrón similar, a menor escala, que el adoptado por el Sistema Solar, donde existen planetas a determinadas distancias del Sol y no existen a otras. ¿Qué es lo que decide las órbitas que pueden ser ocupadas y las que deben permanecer libres? Se trata de un efecto que tiene mucho que ver con una de las atracciones favoritas de los parques infantiles: los columpios. Cualquier pequeño adquiere enseguida destreza en balancearse en uno de estos artilugios. De manera rítmica, se impulsa adelante y atrás a medida que el columpio va ganando altura. Hablando en términos físicos, diríamos que el movimiento del columpio y el impulso dado por su pasajero están en *resonancia*. La resonancia es el efecto amplificador que puede sufrir cualquier movimiento periódico. Si el impulso no se encontrara acoplado rítmicamente a la oscilación del columpio, sólo conseguiríamos frenarlo. Este acoplamiento rítmico también sucede entre las órbitas de los planetas que se influyen mutuamente por atracción gravitatoria y, generalmente, suele acabar en desastre.

Dos planetas (o un satélite con su planeta) se encuentran en resonancia si la relación de sus períodos orbitales cumple una proporción simple de números enteros. Una resonancia 3:2 significa que mientras uno de los astros completa 3 vueltas, el otro ha completado 2. Cada vez que se cierra este ciclo, ambos cuerpos vuelven a coincidir en el mismo punto ejerciéndose un tirón gravitatorio que, de acumularse en el tiempo, podría originar la desestabilización de la órbita de alguno de ellos. Con bastante probabilidad, este efecto debió ser el causante, en el origen del Sistema Solar, de poner en rumbo de colisión a protoplanetas que actualmente no existen. La resonancia provocada por Júpiter ha impedido la formación de un planeta donde se sitúa el cinturón de asteroides. Es más, este cinturón presenta huecos donde apenas hay fragmentos a distancias que presentan resonancias 1:3, 2:5, 3:7 y 1:2 con Júpiter, que se conocen como *huecos de Kirkwood* en honor al astrónomo que en 1857 atribuyó su existencia a la resonancia. También es muy probable que la colisión del planeta Orfeo con la primera versión de la Tierra, y que dio origen a la Luna, fuera ocasionada por la resonancia entre la Tierra y Orfeo que acabó por sacar de su órbita a este último. Curiosamente, Pitágoras estaba convencido que toda la armonía y orden del cosmos se fundamentaba precisamente en las relaciones simples de números. Sin embargo, en estas proporciones simples habita la esencia del caos que, a modo de selección natural, determina quién prosigue su periplo por el universo y quién debe desaparecer.

Comportamientos de este tipo, en los que parece que tanto orden como desorden tienen un papel de similar importancia, se incluyen en lo que se ha dado en llamar *caos determinista*. Los sistemas que actúan de esta manera muestran las siguientes características:

- Están descritos por ecuaciones matemáticas.
- Presentan gran sensibilidad a las condiciones iniciales. Pequeñas diferencias al comienzo provocan grandes cambios posteriores, comúnmente llamado *efecto mariposa*.
- Son disipativos, por lo que para evolucionar necesitan un aporte constante de energía.
- En su desarrollo se va perdiendo información de modo que al cabo de un tiempo, más o menos largo, pierden toda relación con las condiciones iniciales.

Un claro ejemplo de sistema que cumple con todas estas premisas es la *ecuación logística*, empleada para el cálculo de crecimiento de poblaciones. Esta ecuación fue obtenida de la obra *Ensayo sobre el principio de población*, en la que Thomas Malthus describe el principio por el cual el crecimiento de la población humana es siempre más rápido que el crecimiento de la producción de alimentos. Por ello, la población no puede aumentar indefinidamente, sino que sufre limitaciones naturales debidas al hambre o las enfermedades, o limitaciones preventivas en las que se restringe el crecimiento de la población para evitar la escasez de recursos. Esta obra de Malthus sirvió de inspiración a Charles Darwin para extrapolar lo que ocurría en la población humana al resto de los seres vivos. La lucha por los recursos que determina la supervivencia y la perpetuación de las especies.

La expresión matemática de esta ecuación logística no puede ser más sencilla:

$$X_{n+1} = K \, X_n \, (1 - X_n)$$

Sin embargo, su sencillez esconde un comportamiento sorprendentemente complejo. Le invito a ponerla a prueba. Sólo es necesario sentarse frente al ordenador y utilizar una hoja de cálculo. El procedimiento a seguir comienza dándole a X_n un valor arbitrario entre 0 y 1. La fórmula dará un resultado X_{n+1}, valor que trasladaremos de nuevo a X_n para realizar un segundo cálculo, repitiendo esta secuencia varias veces. Se inicia así un proceso iterativo en el que cada resultado se introduce de nuevo en la ecuación. Sólo resta fijar el valor de K. Si a K se le da un valor entre 0 y 3, por ejemplo K=2, el proceso iterativo siempre se dirigirá hacia el mismo resultado (0,50 en este caso), independientemente del valor arbitrario con el que hayamos comenzado (tablas 2 y 3). Por tanto, El sistema no es sensible a las condiciones iniciales ya que cambiando éstas, el resultado final siempre es el mismo.

Nº iteración	K = 2	
	X_n	X_{n+1}
1	**0,10**	0,18
2	0,18	0,30
3	0,30	0,42
4	0,42	0,49
5	0,49	0,50
6	0,50	0,50
7	0,50	0,50
8	0,50	0,50
9	0,50	0,50
10	0,50	0,50
11	0,50	0,50
12	0,50	0,50

Tabla 2

Nº iteración	K = 2	
	X_n	X_{n+1}
1	**0,99**	0,02
2	0,02	0,04
3	0,04	0,07
4	0,07	0,14
5	0,14	0,24
6	0,24	0,36
7	0,36	0,46
8	0,46	0,50
9	0,50	0,50
10	0,50	0,50
11	0,50	0,50
12	0,50	0,50

Tabla 3

Cuando el valor de K es mayor que 3, la situación cambia bruscamente. Cuando K=3,3 (tabla 4) y tras varias iteraciones, el resultado se queda oscilando entre dos valores: 0,82 y 0,48.

Nº iteración	K = 3,3	
	X_n	X_{n+1}
1	0,10	0,30
2	0,30	0,69
3	0,69	0,71
4	0,71	0,68
5	0,68	0,71
6	0,71	0,67
7	0,67	0,73
8	0,73	0,66
9	0,66	0,74
10	0,74	0,63
11	0,63	0,77
12	0,77	0,59
13	0,59	0,80
14	0,80	0,53
15	0,53	0,82
16	0,82	0,48
17	0,48	0,82
18	0,82	0,48
19	0,48	0,82
20	0,82	0,48

Tabla 4

Nº iteración	K = 3,5	
	X_n	X_{n+1}
1	0,10	0,32
2	0,32	0,76
3	0,76	0,65
4	0,65	0,80
5	0,80	0,56
6	0,56	0,86
7	0,86	0,42
8	0,42	0,85
...	...	...
25	0,83	0,49
26	0,49	0,87
27	0,87	0,38
28	0,38	0,83
29	0,83	0,50
30	0,50	0,87
31	0,87	0,38
32	0,38	0,83
33	0,83	0,50

Tabla 5

Pero si cambiamos a 3,5 el valor de K (tabla 5), un nuevo y repentino cambio altera el comportamiento de la ecuación logística. Una vez superada la iteración 25, el resultado mantiene una oscilación no entre dos, sino entre cuatro valores: 0,50; 0,87; 0,38 y 0,83.

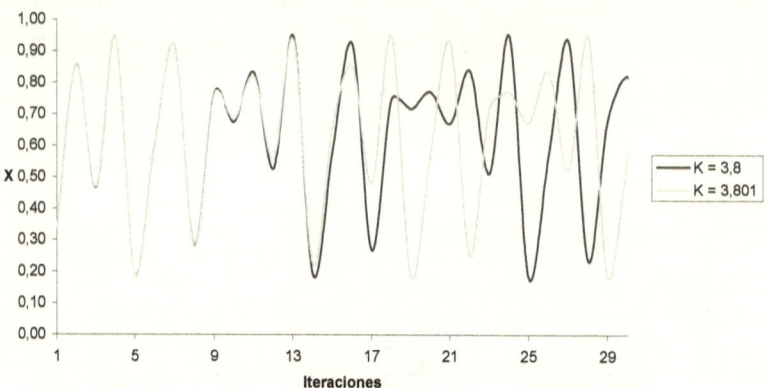

Figura 23. Sensibilidad a las condiciones iniciales.
Pequeñas diferencias al inicio se van amplificando
con las iteraciones.

Finalmente, si aumentamos K hasta 4, ya no influirá el número de iteraciones que realicemos por grande que sea. Los resultados irán bailando de unas cifras a otras sin seguir periodicidad alguna y de manera impredecible. El comportamiento de la ecuación se ha convertido en caótico. Además, con el aumento del valor de K el comportamiento se ha vuelto sensible a las condiciones iniciales. Al comparar el desarrollo de la ecuación con dos valores de K muy próximos (3,8 y 3,801), se observa que los resultados coincidentes al principio comienzan a divergir después de 17 ó 18 iteraciones (figura 23), acentuando notablemente la mínima diferencia que existía al inicio.

A modo de resumen y de manera más ilustrativa, si se registra en una gráfica el comportamiento de este sistema a medida que aumenta el valor de K, se obtiene el esquema de bifurcaciones de la figura 24.

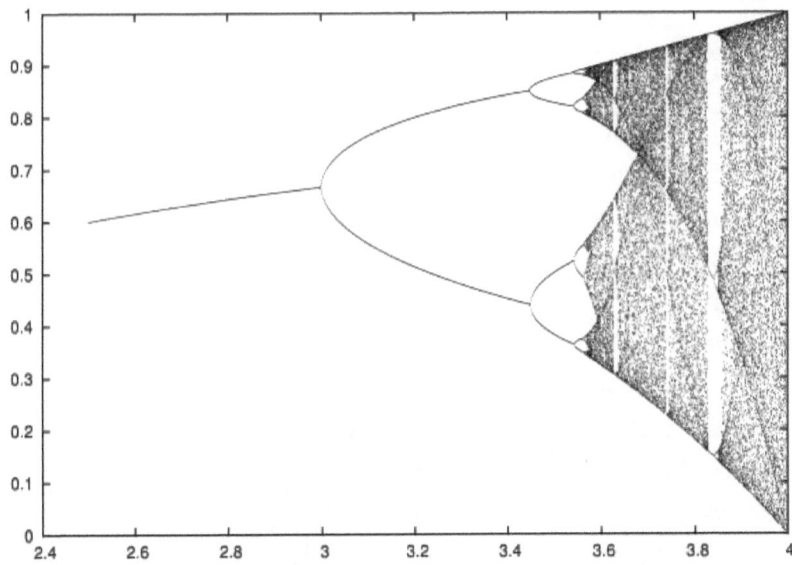

Figura 24. Esquema de bifurcaciones que representa el comportamiento cada vez más caótico de la ecuación logística, a medida que el valor de K (en la escala horizontal) aumenta.

Este es el viaje hacia el caos de la ecuación logística. La línea única de la izquierda, que ilustra el resultado al que siempre se dirige en las tablas 2 y 3, se bifurca en dos valores entre los que oscila como en la tabla 4. A continuación en cuatro valores como en la tabla 5 hasta adentrarse en la zona caótica de la derecha, donde los resultados se vuelven impredecibles. No obstante, en dicha zona se alternan las zonas punteadas donde rige el caos, con estrechas franjas blancas donde de manera efímera se restablece cierto orden, exactamente con el mismo patrón de franjas claras y oscuras que en los anillos de Saturno, o de órbitas estables e inestables en el Sistema Solar. Hasta este punto tienen similitudes todos los sistemas complejos.

A imagen y semejanza

Aunque a muchos les pese por concebirla como algo especial y dotada del "soplo vital", la vida es solamente uno entre los muchos sistemas complejos que podemos observar, como el Sistema Solar, los tornados o la propia atmósfera. Eso sí, sin duda es el sistema más fascinante y el único que no sólo utiliza el caos para mantenerse y autoorganizarse sino, en el caso de la especie humana, para tratar de comprender los sistemas dinámicos y, por tanto, a sí misma.

Un caso singular lo protagoniza el *moho del légamo* (Dyctiostelium discoideum). A los biólogos siempre les ha desconcertado que este organismo se encuentre a caballo entre un ser unicelular y pluricelular. Mientras se encuentra en un lugar con abundante alimento, vive como una solitaria ameba que se reproduce asexualmente dividiéndose en dos células idénticas. Cuando los nutrientes

Figura 25. Patrón de espirales producido por el moho del légamo.

escasean, las células del moho comienzan a emitir una señal química (un compuesto llamado AMP cíclico) que sirve de estímulo a las células adyacentes para acercarse unas a otras y emitir también la señal química. De esta manera se crea un tapiz de células que va dibujando un curioso patrón de espirales y ondas concéntricas (figura 25). Este asombroso efecto es parecido al que se lograría lanzando varias piedras, alejadas entre sí, a un estanque. Se crean frentes de ondas simultáneos en varios puntos que se extienden y se encuentran. Así, células en puntos alejados (que se convierten en el centro de cada espiral) comienzan a emitir la señal química y a estimular a las células contiguas para tener el mismo comportamiento, extendiéndose en forma de ondas.

Este fenómeno se denomina *autocatálisis*, pues la formación de un compuesto químico sirve de catalizador, de estimulador para producir más cantidad del mismo compuesto. Existen infinidad de reacciones químicas que actúan de esta manera. Una de las más interesantes fue descubierta por el químico Boris Belousov en la década de los cincuenta. Belousov descubrió que una mezcla de dos elementos químicos (bromo y cerio) con varios ácidos era capaz de cambiar de color varias veces, y en intervalos de tiempo bastante regulares. Un auténtico reloj químico. Esto es del todo inusual. En una reacción química lo habitual es que al poner en contacto varias sustancias (reactivos), reaccionen generando otras sustancias diferentes (productos). La reacción alcanza un punto de equilibrio en el que todas las cantidades permanecen constantes y ya no sucede ningún cambio. Pero en la descubierta por Belousov se origina una oscilación en el color: ahora es roja, ahora es azul, de nuevo roja, de nuevo azul... Esta oscilación indica que la reacción se encuentra alejada del equilibrio, algo típico en los sistemas complejos.

El color que presenta esta reacción depende en particular del cerio. Cuando predomina la forma cerio III se torna roja, y si prevalece la forma cerio IV se vuelve azul. La sorpresa de Belousov viendo en un matraz un líquido que cambiaba de color a voluntad como si tuviese vida propia, pronto se convirtió en desilusión. Envío su trabajo a varias revistas científicas soviéticas siendo rechazado en todas ellas, argumentando que una reacción de este tipo era imposible. Este rechazo hizo que Belousov abandonara la actividad científica. Suerte que no le hiciera pensar en un final tan trágico como el de Boltzmann. En el año 1961, el químico Anatol Zhabotinsky estudió la secuencia de la reacción, por lo que cuando finalmente se dio a conocer en occidente por los años setenta, se le otorgó el nombre de *reacción de Belousov-Zhabotinsky*.

No obstante, la reacción aún se guardaba un as en la manga. Si en lugar de suceder en un frasco, se dispone en un recipiente amplio con sólo una delgada lámina de líquido, la sorpresa está asegurada. La superficie líquida comienza a reproducir exactamente el mismo patrón de espirales concéntricas observadas en el moho del légamo (figura 26). Si ambos presentan alguna diferencia es únicamente en su origen, uno creado por reacciones entre sustancias, el otro por un organismo vivo.

Figura 26. Patrón de espirales generado por la reacción de Belousov-Zhabotinski

Un organismo vivo al que hemos dejado transformándose de seres unicelulares a un tapiz pluricelular que se comporta a partir de este momento como un solo individuo. El moho del légamo se ha autoorganizado para ir en busca de alimento, y el movimiento se demuestra andando... aunque en este caso es más bien vibrando. Cada célula transmite una pulsación aleatoria a las células vecinas, una masa vibrante con numerosas pulsaciones a cada instante y al azar. Esto lo hemos visto antes... un grano de polen que se mueve irregularmente por el bombardeo incesante y aleatorio de los átomos del líquido que lo rodea. El moho del légamo utiliza el movimiento browniano, el "paseo del borracho", para desplazarse. La vibración de las células, sin orden ni concierto, acaba por definir una dirección azarosa, vacilante, que traslada al superorganismo hacia otro lugar en el que hallar su sustento.

Y en nuestro caso, como animales de mayor complejidad, el papel del caos para regular y mantener nuestro organismo llega hasta el punto de determinar el buen funcionamiento de órganos tan vitales como el cerebro y el corazón. Pero conozcamos antes el principio de la historia. En 1967 el matemático de origen polaco Benoît Mandelbrot publica un artículo titulado *¿Cuánto mide la costa de Gran Bretaña?* Desde luego, la pregunta tiene su enjundia ya que Mandelbrot pretendía llamar la atención sobre el hecho de que la longitud de un objeto tan irregular como el litoral británico no era única ni fácil de medir. La longitud obtenida depende del grado de detalle con la que se mida. Si se elige una escala demasiado grande,

la medición será bastante grosera al ignorar la multitud de entrantes y salientes de la costa. Según la escala de medida va disminuyendo, se obtienen longitudes mayores al incluir cada vez más irregularidades de la línea costera. ¿Hasta dónde? Con el aumento de precisión la longitud resultante será cada vez mayor sin que exista límite aparente.

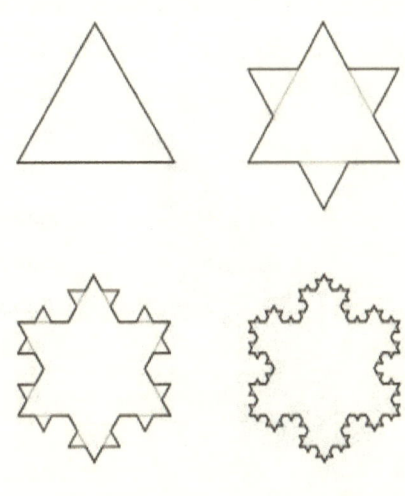

Figura 27. Secuencia de formación del copo de Koch.

La longitud de la costa de Gran Bretaña es, potencialmente, infinita. ¿Cómo es posible? ¿No será esto fruto de llevar las matemáticas demasiado lejos? Quizá. Sin embargo, son las propias formas de la naturaleza las que nos dirigen hacia esta búsqueda. Existen figuras matemáticas que nos permiten analizar qué es lo que ocurre con la costa de Gran Bretaña o con cualquier objeto que muestre gran irregularidad, como la ladera de una montaña, la corteza de un árbol o las ramificaciones de los vasos sanguíneos.

Una de ellas fue descubierta por el matemático Helge von Koch en 1904 y comienza con un triángulo equilátero (figura 27). A continuación se dividen cada uno de los lados en tres partes iguales, eliminándose la parte central. Este segmento central se sustituye por dos segmentos en forma de diente para obtener una estrella de seis puntas. Cada una de las puntas es un triángulo como el original pero con un tercio de su tamaño. En cada uno de estos pequeños triángulos vuelve a repetirse la operación descrita de manera indefinida. Cuando el número de repeticiones es muy grande, el perímetro de la figura se hace cada vez más intrincado y con una longitud que tiende a crecer constantemente, a pesar de encerrar

una superficie limitada. Esta línea de contorno, por su gran complejidad y por su longitud que tiende a infinito, no tiene dimensión uno como sería el caso de cualquier línea. En concreto, la dimensión del *copo de Koch* es 1,26.

Basándose en la naturaleza quebrada de estas extrañas figuras, Mandelbrot las bautizó como *fractales*. Entre las características que tienen en común los fractales está que deben ser originados por la repetición de un proceso o una fórmula de cálculo, como sucede con la ecuación logística que vimos anteriormente. Otra

Figura 28. Fronda de helecho fractal.

característica es que su dimensión no suele ser entera,

como la dimensión uno de una línea, la dimensión dos de un cuadrado, o la dimensión tres de un cubo. Su peculiar geometría hace que su dimensión sea un número decimal. Otra particularidad de los fractales es la *autosimilitud*, ya que siguen presentando la

Figura 29. Coliflor variedad Romanescu.

misma estructura si se observan a diferentes escalas. En las formas naturales la autosimilitud se observa con frecuencia, como en la hoja de un helecho (figura 28) donde cada ramificación reproduce con exactitud la hoja completa, o en la coliflor Romanescu (figura 29) donde cada pequeña porción es una réplica en miniatura de toda la hortaliza. Y más autosimilitudes, esta vez relacionada con un delicioso producto hecho en Holanda. El envase del cacao Droste (figura 30) muestra a una enfermera decimonónica sujetando una bandeja con

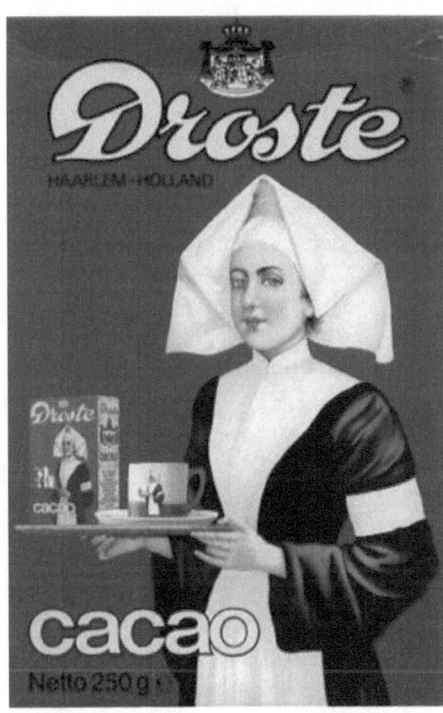

Figura 30. Etiqueta de cacao Droste.

111

una taza y un envase de Droste, que a su vez muestra una enfermera decimonónica sujetando una bandeja... etc., etc.. Este diseño ha hecho que se conozca como *efecto Droste* a este tipo de imágenes recursivas.

Más allá del interés matemático de los fractales, es en su aplicación a la biología y la medicina donde abre un campo fascinante. Desde 1929, año en que el psiquiatra Hans Berger consiguió el primer registro de electroencefalograma (EEG) en humanos, se marcó un antes y un después en la neurología. Era posible detectar las débiles corrientes eléctricas que se generan en el cerebro sin necesidad de abrir el cráneo. Como técnica válida tardó en ser reconocida, y actualmente posibilita analizar las ondas cerebrales desde otro punto de vista.

Las neuronas no se cargan o descargan por el puro placer de hacerlo. Son el vestigio de un intenso flujo de información fisiológica y sensorial. Estímulos externos, órdenes motrices, procesos cognitivos que se encaminan al cerebro para ser procesados. Si los EEG son el rastro de la información que circula por la red neuronal, no es extraño que se puedan identificar determinados trazados. La irregularidad del trazado de un EEG no dista mucho de, por ejemplo, la del copo de Koch. Entonces, ¿tendrá el EEG una dimensión fraccionaria como los fractales que permita analizar su complejidad? Y si es así, ¿qué información ofrecería?

Al comparar EEG en diferentes fases, las dimensiones de los gráficos obtenidos son las siguientes:

- Sueño profundo: 1,1
- Sueño ligero: 1,2
- Vigilia: 1,4

Puede sospecharse que la gran cantidad de información que debe procesar el cerebro de manera simultánea durante la vigilia, hace que ésta viaje en paquetes de corta duración y muy mezclada entre sí, lo que da lugar a una dimensión más alta y, por tanto, a una línea más compleja de naturaleza fractal.

Durante un desorden neurológico como la epilepsia, podría pensarse que la señal se vuelve más caótica durante la crisis al compararla con ondas cerebrales normales. Sin embargo, sucede todo lo contrario. La complejidad de la señal disminuye debido a que la epilepsia es una especie de "terremoto neuronal" en donde un conjunto de neuronas inicia una actividad sincronizada que si es intensa puede desencadenar una auténtica tormenta eléctrica. Un cerebro sano y en vigilia procesa la información de manera caótica. Otro caso en el que la actividad cerebral queda limitada es durante la anestesia en una intervención. El estudio de la complejidad del EEG permitiría conocer el grado de profundidad de la anestesia y ajustarla con precisión en cada paciente.

Y como mencionaba anteriormente, el músculo cardiaco también debe mucho a la dinámica creada por el caos. Desde luego, si algo parece la antítesis del caos es el movimiento del corazón. Un ritmo periódico de impulsos ininterrumpido durante toda una vida. Sin embargo, la regularidad de su funcionamiento es sólo su rasgo más evidente. Un cierto grado de desorden es el que modula su aparente orden. Sucede algo parecido con el artilugio mecánico que hizo surgir el estudio de la termodinámica: la máquina de vapor.
Entre las mejoras introducidas en ella por James Watt se incluye el *regulador de velocidad centrífugo* (figura 31). Un mecanismo simple a base de varillas y bolas, movido por la máquina y directamente conectado al mando de alimentación del vapor. Su principio de acción es sencillo: si la máquina de vapor tiende a acelerarse, imprimirá más velocidad al regulador cuyas bolas se separarán por fuerza centrífuga. La separación de las bolas tira del mando de alimentación y corta el paso del vapor para disminuir la velocidad de la máquina.

El comportamiento sería a la inversa en el caso contrario. Si la máquina tiende a perder velocidad, las bolas se aproximan y mueven el mando para permitir el paso de más vapor y acelerar la máquina. Es necesario, por tanto, cierto grado de irregularidad en el funcionamiento ya

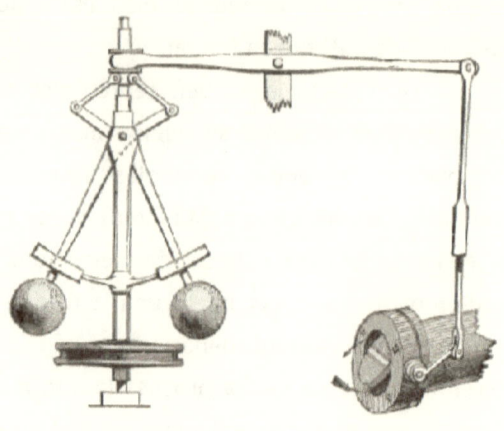

Figura 31. Regulador centrífugo de velocidad.

que son estas pequeñas oscilaciones las que originan la reacción en el regulador.

Las frecuencias que se registran en el corazón guardan analogía con la velocidad de la máquina de vapor. Aunque ambos parezcan tener un funcionamiento uniforme, ocultan leves alteraciones en su ciclo. De hecho, cuando un corazón presenta poca variabilidad en sus frecuencias, es síntoma de enfermedad cardiaca. Sería equivalente a si en la máquina de vapor se atascara el regulador de velocidad. Podríamos pensar que, al no moverse, se trata de un regulador muy sensible que apenas requiere oscilación para regular, cuando en realidad no está ejerciendo su función. Una gráfica compleja, de alta irregularidad, es la que representa un corazón sano. Y aún en el sistema cardiovascular se puede encontrar otro caso de comportamiento fractal.

Las arterias coronarias presentan ramificaciones que sufren variaciones considerables en función de que el corazón se halle en la fase de dilatación (diástole) o en la de contracción (sístole). Como un árbol mecido por el viento, la orientación de cada rama se altera si es azotado por una ráfaga. Esto quiere decir que la complejidad, la fractalidad del árbol arterial se va a ver modificada según en qué momento se mida. ¿En qué grado? ¿Se modifica de igual manera en todos los casos? ¿Qué información puede obtenerse de ello? Para contestar estas cuestiones, se realizó un ensayo comparando lo que ocurría con un grupo de personas sin ninguna afección cardiaca, con un grupo de pacientes con riesgo o que presentaban obstrucción arterial severa. Las dimensiones del árbol coronario de las personas sanas oscilaba más ampliamente (entre 1,70 y 1,40) que entre las enfermas (entre 1,50 y 1,30), además de que en estas últimas las cifras menores indican una menor complejidad en las ramificaciones coronarias. Volviendo al ejemplo del árbol castigado por el viento, y evocando el famoso proverbio, se trata de la misma diferencia entre el bambú que se inclina y el roble que, en su imponente rigidez, acaba por romperse. Un ejemplo más de que un poco de caos es beneficioso para la salud.

Desorden e información

Ante estos descubrimientos, en los que la irregularidad y el comportamiento aparentemente desordenado y caótico tienen suma importancia, cabe preguntarse si no debemos cambiar los conceptos que tenemos sobre el orden y el desorden. Y el cambio de concepto va dirigido hacia plantearnos qué tipo de estructura puede contener o transmitir más información, ¿una estructura ordenada o una desordenada? En este punto debemos recuperar la idea propuesta por Schrödinger sobre que el material genético debía estar compuesto por "algún tipo de cristal aperiódico". Imaginemos una secuencia de letras como ABABABAB... Es una sucesión perfectamente ordenada donde la A ocupa los lugares impares mientras la B ocupa los pares. Sin embargo, apenas aporta información. Una vez hemos descubierto la disposición de las primeras letras, podemos predecir cómo continuará. Por lo tanto, descubrir más letras de la secuencia no nos ofrece información nueva. Pero en el caso que la secuencia tuviera cierto grado de aleatoriedad, se mostraría más desordenada. Algo como AABABBABABBA... En esta sucesión resulta más difícil predecir cuál será la siguiente letra, por lo que a medida que se van descubriendo nuevos términos aportan nueva información. Efectivamente, tal y como sospechaba Schrödinger, la estructura del ADN responde a este último tipo, una molécula lineal donde se graba un código de cuatro letras (A, G, C y T) con un patrón a caballo entre el orden y la absoluta aleatoriedad. Un código que ha de tener la información suficiente para contener las instrucciones de la formación de todas las proteínas que requiere un organismo vivo. De manera similar, la combinación de las veintisiete letras del alfabeto, según el código del lenguaje, contiene la información del mensaje a transmitir. ¿De qué manera podría cuantificarse la cantidad de información que contiene una serie de caracteres secuenciados como el ADN o como el lenguaje?

En 1948, Claude Shannon propuso una manera de evaluar la cantidad de información que contiene un mensaje en función del número de caracteres utilizados y la probabilidad de cada uno de ellos en el mensaje. Curiosamente, el cálculo recibió el nombre *entropía de Shannon* y la denominación de entropía no es la única coincidencia con la entropía que Boltzmann utilizó en termodinámica. Al fin y al cabo, ambos son maneras estadísticas de enfocar un problema. Boltzmann empleaba la probabilidad de partículas rápidas y lentas para analizar la evolución de un gas hasta alcanzar el equilibrio térmico, mientras Shannon utilizó el mismo tipo de cálculo sustituyendo las partículas de gas por los caracteres del lenguaje.

La expresión de la entropía de Shannon es:

$$H = -\sum_i p_i \log_2 p_i$$

donde p_i es la probabilidad de cada carácter en el mensaje.

El valor mínimo de la entropía de Shannon es cero, equivalente a un mensaje escrito con un solo carácter (AAAAAAA...) que contiene información nula. El valor máximo se obtiene cuando los caracteres empleados en el mensaje están uniformemente distribuidos, por ejemplo, si se utilizan cuatro caracteres y la proporción de cada uno es del 25%. En este caso, la información que puede contener el mensaje es la más alta posible. Esta manera de relacionar entropía con información supuso la confirmación del enfoque de Boltzmann. Para él, los sistemas físicos sufren una evolución irreversible de igual manera que los seres vivos. Al estudiar el comportamiento de los gases, comprobó que la dirección en la que ocurre esa evolución la señala el valor de la entropía, la cual a medida que el sistema se acerca al equilibrio, aumenta sin cesar. Rápidamente al principio y más lentamente al final.

En el caso de un texto, a medida que se añaden caracteres la entropía de Shannon crece, es decir, aumenta la información que contiene el mensaje, y lo hace muy rápidamente a medida que las primeras palabras cobran sentido. Cuando el texto ha alcanzado cierta extensión, la adición de más caracteres ya no modifica sustancialmente la cantidad de información contenida, que ha alcanzado un equilibrio. Si en lugar de un texto escrito, se considera el código de cuatro letras en una molécula de ADN, el grado de información que contiene sigue el mismo patrón. El lenguaje creado por la naturaleza para la conservación de nuestra herencia, y el creado por el ser humano para comunicarse gestionan la información exactamente de la misma manera. Y si este principio funciona con el genoma del interior de nuestras células, ¿funcionará si ampliamos la escala a nivel planetario? A este respecto, el ecólogo Ramón Margalef propuso aplicar la entropía de Shannon a las poblaciones de las distintas especies. Estaba convencido de lo útil que sería emplear esta teoría de la información para evaluar la diversidad de los ecosistemas. De manera que en lugar de analizar la probabilidad de encontrar un carácter determinado en un texto, se estudió la probabilidad de cada especie dentro del ecosistema que habita, y los resultados fueron sorprendentes. Los valores obtenidos de la entropía de Shannon para los ecosistemas resultaban muy similares a los calculados para un texto. Esto indicaba lo universal que podía ser la manera en que se distribuía la información en cualquier sistema, sea un gas en un recipiente, las letras en un texto, los caracteres en el código genético o las especies en un ecosistema. La distribución de la información permite conocer el grado de organización de los sistemas. En el caso de los sistemas vivos, la energía del Sol es empleada por éstos en aumentar su grado de información, es decir, en incrementar su nivel de organización, que va desde las instrucciones fijadas en sus genes hasta la estructura de sus tejidos y órganos.

My name is LUCA

Imaginemos que encontramos un viejo pergamino que ha permanecido oculto durante mucho tiempo. En él se encuentran unos pocos párrafos de una historia que, generación tras generación, hemos ido completando. Unos han añadido algunos párrafos más para terminar con un final abrupto. Algunos se han convertido en bestsellers, escribiendo un capítulo tras otro hasta nuestros días. Otros han escrito versiones del pergamino original, repitiendo algunas líneas para hacer un cuento recursivo que vuelve al principio. Más o menos de esta manera ha podido escribirse el genoma de las diferentes especies que han poblado el planeta. Unas partes se han copiado, otras se han duplicado, otras se han intercambiado, y en la mayoría de los casos se han añadido hasta aumentar considerablemente su tamaño. El equivalente al antiguo pergamino con esos pocos párrafos que todas las historias posteriores comparten, es una bacteria que podría presentarse con las primeras dos líneas de una conocida canción de Suzanne Vega: "My name is Luca. I live on the second floor" (Mi nombre es Luca. Vivo en el segundo piso).

El nombre de LUCA es el acrónimo de Last Universal Common Ancestor (el último antepasado común universal), la bacteria que representa al más antiguo ancestro que tenemos en común todos los seres vivos posteriores. Y efectivamente, "vive en el segundo piso" porque no significa que esta bacteria sea el origen de la vida. Es un nivel posterior a ese momento. Hubo vida anterior a LUCA, pero esta última tuvo tanto éxito que supuso la desaparición de todo lo anterior.

Nadie la ha visto, ni se han encontrado restos fósiles de ella, pero se estima que esta bacteria tenía 572 genes. Es realmente una cifra pequeña, pero para mantener un organismo biológico sencillo no hacen falta muchos más. Para llegar a esta conclusión ha sido necesario cambiar radicalmente la forma de mirar hacia el pasado. Hasta hace poco, la reconstrucción de nuestros antepasados se basaba en las erratas genéticas. Si al comparar un mismo gen entre dos especies se observan muchas erratas, por errores en la copia del ADN o por mutaciones, las especies comparadas se encuentran muy alejadas en el árbol evolutivo. Si por el contrario, el gen tiene pocas erratas entre una especie y otra, estarán mucho más emparentadas. Pero para estudiar la historia de las bacterias esta técnica funciona muy mal, pues éstas son capaces de intercambiar material genético con bacterias vecinas con gran facilidad. En el "mercado libre de genes" que son las células bacterianas había que enfocar el asunto de otro modo. Las erratas dentro de un gen ya no importan. Simplemente, se busca si un determinado gen está presente o no en una especie de bacterias. Si está presente, pudo haberlo heredado de su antecesor, o haberlo adquirido de otra especie bacteriana. Si no está presente, quizá no tuvo nunca ese gen o pudo haberlo perdido al transferirlo a una bacteria de otra especie. Por lo tanto, la pregunta era la siguiente: ¿cómo debía ser LUCA para que sus descendientes (todas las bacterias del planeta) hayan podido evolucionar a partir de él empleando la transferencia de genes? Respondiendo a esta cuestión es como se llegó a la conclusión de que LUCA debía tener ese medio millar largo de genes. La enorme variedad de bacterias que fue evolucionando posteriormente se originó no tanto por la invención de nuevos genes, sino por duplicación del genoma de LUCA, de manera que las distintas copias fueron siguiendo historias distintas y divergiendo cada vez más. Mutaciones, inserciones de ADN nuevo o eliminación de fragmentos de ADN preexistente provocaron que genomas muy alejados en el tiempo se hayan diferenciado tanto respecto al original. ¿Y hasta dónde se han diferenciado? ¿Ha evolucionado en paralelo el tamaño del genoma con la complejidad del organismo? Pues depende.

¡Qué complicados somos!

Evidentemente, resulta lógico pensar que seres más complejos tengan genomas mayores con más cantidad de ADN, lo que sería de esperar si la evolución se hubiera producido de manera gradual. En principio, si se comparan seres procariotas, como las bacterias, con seres eucariotas como animales y plantas, esta previsión parece cumplirse. Estos últimos, más complejos, tienen mayor número de genes que los primeros. Pero analizando eucariotas entre sí, comienzan a aparecer excepciones. Resulta que, por ejemplo, la cebada o la cebolla poseen un genoma mayor que el tiburón o que el ser humano. Es más, incluso una ameba, el mismo tipo de ser unicelular que nuestro artístico moho del légamo, tiene un genoma doscientas veces mayor que el nuestro. Si el tamaño del organismo fuera en consonancia con el de su genoma, la ameba debería ser como un rascacielos.

Algo ocurre con el genoma de los eucariotas que no sucede en los procariotas. Recurramos de nuevo a la informática. La manera en la que se mide la información contenida en los genes se parece bastante a cómo se hace para el disco duro de un ordenador. Si la capacidad del disco suele medirse en Mb (megabytes) o Gb (gigabytes), la información contenida en la cadena de ADN también se mide en Mb, que en este caso son *megabases*. Las bases son esas cuatro letras (A, G, C y T) cuya combinación conforma el código genético, y una megabase es un millón de bases. Así, el tamaño del genoma de los organismos eucariotas antes mencionados es:

- Ameba: 686.000 Mb
- Cebolla: 18.000 Mb
- Cebada: 5.500 Mb
- Ser humano: 3.400 Mb

Resulta un gran golpe para nuestro amor propio confirmar que, en cuanto a tamaño del genoma, una cebolla es cinco veces más compleja que nosotros. La próxima vez que piquemos una, podremos llorar también por este motivo. Pero no nos fiemos de las apariencias. La complejidad de los eucariotas va más allá de contar genes. Si partimos del hecho de que la principal función del ADN es contener la información para formar las proteínas que requiere el organismo, ¿cómo es posible que, por ejemplo, en el caso del ser humano sólo el 2% del ADN sirva para codificar proteínas? ¿Qué utilidad tiene el 98% restante? Esta importante porción se ha conocido durante tiempo como *ADN basura*, a causa de su aparente inutilidad. Los genetistas lo consideraban una consecuencia del proceso evolutivo. Genes antiguos que habían perdido su función y continuaban copiándose en una cadena cada vez más larga. Que tal cantidad de ADN haya permanecido en los genomas de las especies hasta la actualidad, parece un contrasentido desde el punto de vista de la evolución. No es lógico que la selección natural perpetúe todo ese material genético carente de utilidad que requiere energía para ser copiado cada vez.

Afortunadamente, este término de "ADN basura" se ha abandonado por el de ADN no codificante (ya que su misión no es formar proteínas), pues aunque todavía queda mucho por descubrir sobre sus funciones, existen evidencias que van poniendo de relieve su importancia. Muchos mamíferos compartimos miles de porciones de este ADN no codificante, y su papel activo podría estar relacionado con la expresión diferencial de los genes. Por hacer un símil con electrodomésticos, sería el caso en que un fabricante imprime un solo manual de instrucciones para varios modelos de lavadora, en lugar de un manual para cada uno. Por tanto, parece que la existencia de este ADN aparentemente superfluo tiene su sentido, pues ejercería un papel regulador sobre los genes que codifican proteínas. Así, un mismo gen puede contener la información no para una, sino para varias proteínas distintas dependiendo de cómo el gen se exprese, para dar lugar a que las células del organismo, en principio todas iguales, puedan diferenciarse en sanguíneas, nerviosas, musculares...

Otra misión del ADN no codificante podría estar relacionada con la diferenciación de las especies durante la fase embrionaria. Muchas de las porciones de este ADN las compartimos con otros mamíferos como chimpancés, perros o ratones. Si partimos de la base que tenemos en común con otros mamíferos una gran parte de nuestro genes, el ADN no codificante debe resultar fundamental para sentar las diferencias entre especies desde el desarrollo embrionario, y sin las cuales los seres humanos seríamos mucho más parecidos al chimpancé o al macaco. Dicho de otra manera, el ADN codificante tiene las instrucciones para fabricar los "ladrillos moleculares" (las proteínas), mientras que el ADN no codificante controla el ordenamiento de estos ladrillos. Las diferencias entre una catedral gótica y un rascacielos de Nueva York están menos en los materiales, y más en cómo se disponen arquitectónicamente. Es paradójico que precisamente las similitudes entre los estados embrionarios de especies distintas condujeran a Darwin a pensar en un antepasado común para todas ellas, y que las diferencias entre las especies en la fase adulta ayuden a desentrañar los misterios que aún encierra el ADN no codificante, pues se sospecha que las diferencias evolutivas se deban a una regulación de los genes más que a cambios en los genes mismos. La expresión de la información contenida en el ADN es mucho más compleja de lo que imaginamos.

Dime cómo vives y te diré cómo te extingues

No obstante, a pesar de la adaptación de las especies a lo largo de la evolución, a veces sobreviene la catástrofe. Aunque desde el siglo XIX, gracias a Georges Cuvier, se sabe que las especies se extinguen, nunca había pasado de la categoría de "consecuencia" de cataclismos hasta la década de los setenta. La acción humana estaba ocasionando profundas alteraciones en los ecosistemas, llevando a muchas especies al extremo de desaparecer entre las que podríamos encontrarnos nosotros mismos. Tras llegar a esta conclusión saltó la alarma y, ante la falta de datos sobre los que trabajar, se comenzaron a estudiar las extinciones en el pasado geológico.

Ya el biólogo Stuart Kauffman, investigador de los sistemas complejos, afirmó que "en lo mas profundo del régimen caótico, los más insignificantes cambios en la estructura causan casi siempre cambios en el comportamiento. Un comportamiento complejo controlable es, por tanto, imposible." Debido a que la teoría del caos se basa en las similitudes existentes entre los sistemas complejos, su aplicación al estudio de las extinciones resulta más que pertinente. La manera en que los componentes de los ecosistemas se interrelacionan en un proceso de extinción está sujeta a ese equilibrio entre necesidad de cambio y de orden de todos los sistemas complejos. La vida sólo se desarrolla en el borde del caos, ese espacio en el que hay bastantes innovaciones para que un sistema permanezca vibrante pero donde también hay suficiente estabilidad para impedir que caiga en la anarquía. Por tanto, no es extraño que el proceso de las extinciones transcurra igualmente en el borde del caos, pues tanto la falta de cambio como el exceso conducen a la desaparición de especies.

En los últimos 600 millones de años se han sucedido cinco períodos de extinción masiva en los que un número muy considerable de especies desaparecieron. Aunque generalmente los procesos de extinción pueden durar de centenares de miles a millones de años, desde el punto de vista de la historia de nuestro planeta son eventos lo suficientemente repentinos para que sirvan de frontera entre los períodos en que se divide la historia geológica terrestre. La primera ocurrió hace 444 millones de años y es conocida como *extinción del Ordovícico-Silúrico*, que en realidad constituyeron dos eventos muy próximos entre estos dos períodos. Su causa probable fue una glaciación. Los hábitats marinos se vieron modificados por un drástico descenso del nivel del mar que fue seguido, un millón de años más tarde, por un brusco aumento. La *extinción del Devónico* tuvo lugar hace 360 millones de años y se estima que duró unos tres millones de años. Se saldó con la desaparición del 70% de las especies. Hace 251 millones de años, la *extinción del Pérmico-Triásico* fue, con diferencia, la mayor catástrofe que ha sufrido la vida sobre la Tierra. Desaparecieron el 95% de las especies marinas y el 70% de las terrestres. Durante mucho tiempo la

Tierra quedó reducida a un páramo desértico, en el que las especies terrestres dominantes fueron los hongos. Aunque existen varias hipótesis sobre las causas, que van desde un vulcanismo extremo al impacto de un asteroide, cuesta pensar que tal devastación haya sido provocada por un único hecho. La *extinción del Triásico-Jurásico* hace 200 millones de años acabó con el 20% de las familias biológicas marinas y con los últimos grandes anfibios. Esto propició que los dinosaurios asumieran el papel dominante durante el período Jurásico. La última de las extinciones masivas fue la *extinción del Cretácico-Terciario* que ocurrió hace 65 millones de años, en la que desaparecieron el 75% de las especies, incluidos los dinosaurios.

Las extinciones suponen un cambio de las reglas del juego evolutivo que va más allá de la selección natural y la competición entre especies. Poniendo aparte las causas que las provocaran, comparten una serie de características comunes:

- Tienen una duración limitada, entre uno y dos millones de años.
- Los primeros afectados son siempre los organismos más sensibles de los ecosistemas tropicales.
- El registro geoquímico indica que todas estuvieron asociadas a perturbaciones atmosféricas y oceánicas.
- La vida se las arregló siempre para superarlas, incluso las más devastadoras.

No solamente en eventos catastróficos como las extinciones masivas, sino de manera constante en la historia de la Tierra, cualquier cambio en un componente del sistema planetario influye en el resto. Podría considerarse como la primera gran extinción, anterior a todas las mencionadas, la provocada por las propias bacterias fotosintéticas al emitir oxígeno a la atmósfera hace 2.500 millones de años.

Las periódicas variaciones de los parámetros orbitales produjeron cambios en la insolación del planeta, responsables de la alternancia de edades glaciales e interglaciales. Del mismo modo, el vulcanismo y el desplazamiento de los continentes han modificado las corrientes oceánicas, la circulación atmosférica y el clima global. Sin embargo, los organismos vivos no son el último eslabón, las víctimas de los cambios. Ellos, a su vez, se adaptan, alteran las condiciones del medio y dan lugar a una retroalimentación. Este proceso ha sido constante desde las bacterias productoras de oxígeno, hasta la alteración del medio producida por la actividad humana.

La cuestión que me interesa destacar de estos drásticos acontecimientos es cómo interviene el caos en el proceso de extinción y en la recuperación que protagoniza la vida tras él. La Teoría del Caos sostiene que los sistemas complejos guardan similitudes en sus comportamientos que no pueden explicarse mediante acciones aisladas de sus componentes, sino mediante las interacciones espontáneas de éstos. Desde la formación de cristales, pasando por la generación de tornados, hasta la evolución y permanencia de los seres vivos siguen procesos de autoorganización que no poseen un plan o estrategia previos. Al estudiar la extinción bajo esta óptica hay dos factores básicos: el primero es la adaptación, y el segundo la manera común que tienen todos los sistemas complejos de debatirse entre la necesidad de cambiar y de mantener el orden. Sobre la adaptación no hay demasiado que decir. Es un fenómeno que se da en todos los sistemas complejos: las empresas se adaptan al mercado, los seres vivos a la disponibilidad de alimentos y a la presión predatoria. En ese caso, ¿por qué una catástrofe natural puede resultar en extinción masiva cuando los organismos llevan tanto tiempo adaptándose a un medio cambiante?

Por si fuera poco, añadamos otro misterio paleontológico. Parece ser que al sobrevenir una catástrofe natural, entendida como un cambio radical en las condiciones de vida y los hábitats, las especies no se extinguen de manera inmediata, sino que capean el temporal y se extinguen más adelante, cuando todo ha ido volviendo a la normalidad. Esto fue lo que ocurrió durante la tercera glaciación que hizo desaparecer las jirafas y los tigres de Norteamérica. El fenómeno recibe un curioso nombre: *Debilitamiento de Cabeza de Puente*. Cabeza de Puente es un término de origen militar que se refiere a la defensa de la entrada de un puente o de cualquier otro lugar localizado en zona enemiga. Aplicado a los ecosistemas, es la lucha que establecen las especies para adaptarse a un territorio hostil tras una catástrofe. Sin embargo, la vuelta a la normalidad no es tal, sino otra catástrofe. Desde el punto de vista evolutivo, las especies, debilitadas ante el primer embate, reciben la vuelta a la normalidad como otro cambio profundo que sobrepasa su capacidad de adaptación. Paradójicamente, este nuevo cambio es en realidad el golpe de gracia que determina la desaparición de muchas especies. El borde del caos en el que se desarrolla la vida nos muestra, por tanto, una conclusión sencilla pero aplastante: una catástrofe natural no sería la causa sino el detonante de una posterior extinción. No obstante, con todo lo terrible que tiene la desaparición masiva de especies, posiblemente constituye la manera que tiene el caos de ser creativo. Sólo una extinción de una magnitud considerable hace que la Biosfera cambie radicalmente de dirección. La vida se ve obligada a tomar una bifurcación y las cosas ya nunca serán como antes. Surgirán nuevas oportunidades, nuevos territorios vacantes por explorar, nuevos seres que instaurarán otro orden y una nueva normalidad. No hay nada nuevo bajo el sol, hasta que la vida decide cambiar el escenario.

Y tras las extinciones, aunque hubieran arrasado gran parte de la Biosfera, se inicia una historia diferente. Diferente de la que se desarrollaría de no haber tenido lugar el suceso catastrófico, y diferente de la que surgiría si el desastre natural hubiera ocurrido antes o después. Una historia que busca recuperar la diversidad de especies, la profusión de lo variado que siempre ha perseguido la evolución. En concreto, tras la extinción de hace 65 millones de años, en la que desaparecieron los dinosaurios, la recuperación de la biodiversidad fue mucho más caótica de lo que se pensaba. En el bosque moderno, la diversidad de insectos es proporcional a la diversidad de plantas.

Figura 32. Fósil de hoja que contiene muescas características de los insectos que se han alimentado de ella.

Parece lógico que si existe una gran variedad de plantas de las que alimentarse, haya una gran variedad de insectos. Se sabe que 800.000 años tras la extinción, las poblaciones de insectos y de plantas estaban completamente fuera de este equilibrio, y 9 millones de años después la diversidad de ambos se había restablecido por completo. ¿Qué sucedió en ese lapso de tiempo? Para aclarar este enigma, los fósiles de hojas de esta época se han mostrado especialmente reveladores. Son fósiles que poseen una doble información (figura 32), pues las hojas permiten identificar las especies de plantas, y las marcas de mordiscos a las especies de insectos. Muchas muestras siguieron el patrón esperado, con lugares donde una baja diversidad de insectos se correspondía con poca variedad de plantas, y gran diversidad de insectos donde el número de especies vegetales era grande. Sin embargo, había sitios con doscientas especies distintas de plantas que presentaban muy poca presión de insectos, y en otros sólo dieciséis especies vegetales soportaban la predación de insectos muy variados. En la extinción, los vínculos ecológicos de la red alimenticia quedaron destruidos por la eliminación al azar de especies animales y vegetales. Es un momento para el oportunismo mientras el ecosistema se reconstruye, tiempo de conquistas, de ocupar hábitats disponibles sin apenas competencia o depredadores. Un período que se mantiene hasta que la selección natural determina las nuevas reglas para la adaptación.

Más allá de cualquier lugar.

Los márgenes para la búsqueda de vida en el Sistema Solar son realmente estrechos para que puedan darse las condiciones necesarias. Ante todo, en el planeta candidato debe existir agua y además estar en estado líquido. Para ello, la distancia al Sol no puede ser ni demasiado corta para que se vaporice, ni demasiado larga para que se congele. Además, el planeta ha de poseer atmósfera, compuesta por diversos gases en proporciones variables. Entre los lugares hacia donde los investigadores han dirigido su interés se encuentran:

- El subsuelo de Marte
- Europa, satélite de Júpiter, bajo cuya helada superficie podría hallarse un océano de agua líquida.
- Encélado, satélite de Saturno, que muestra evidencias de agua líquida a poca profundidad bajo la superficie.
- Titán, que orbita alrededor de Saturno y el único satélite del Sistema Solar con una atmósfera considerable.

No obstante, las mayores esperanzas en el descubrimiento de planetas que reúnan condiciones adecuadas para el desarrollo de la vida se orientan fuera del Sistema Solar. Los científicos piensan que se podrán encontrar mundos de este tipo en los próximos 10 años. De la amplia lista de los exoplanetas que ya se han descubierto, existen dos que podrían responder a estas características. Uno de ellos se llama *Gliese 581 d*. Fue encontrado en 2007 y se encuentra a 20 años-luz[5] de nosotros, en la constelación de Libra. El otro, descubierto en 2005, ha recibido el nombre de *55 Cancri f* y se halla en la constelación de Cáncer a unos 41 años-luz. Basándose en estos dos exoplanetas, los científicos han elaborado modelos de ordenador para recrear la posible existencia de vida en estos lugares y cómo podría ser. Imaginemos la historia.

Año 2020. El telescopio espacial hace un descubrimiento asombroso. A 40 años-luz de la Tierra se encuentra el primer planeta habitable fuera del Sistema Solar. Este mundo gira en torno a una estrella enana roja. Esta enana roja emite un 10% de la energía que irradia nuestro Sol, por lo que el planeta ha de situarse suficientemente cerca para recibir la luz y el calor necesarios. Esta cercanía ha provocado el mismo efecto que ha sufrido la Luna por su proximidad a la Tierra: la fuerza gravitatoria ha acabado sincronizando la traslación y la rotación del planeta, por lo que siempre ofrece la misma cara hacia su estrella. No parecía posible que existiera vida en un planeta así, con una cara permanentemente iluminada donde el agua estaría evaporada, y una cara en una constante oscuridad con temperaturas glaciales. Sin embargo, este planeta presenta atmósfera y agua en estado líquido. Lo llamaron Aurelia. ¿Sería factible la vida en él? Su parte oscura es un territorio yermo y helado, mientras en su cara iluminada se pronostica un gigantesco ciclón que nunca se extingue. En la zona borrascosa de Aurelia, los huracanes y las lluvias torrenciales azotan sin cesar. Sin

---

[5] El año-luz es una unidad ampliamente utilizada en astronomía. Equivale a la distancia que recorre la luz, que viaja a unos 300.000 km/s, durante un año: 9.460.000.000.000 km

embargo, entre estas dos zonas hay un cinturón donde el clima es cálido y estable, con temperaturas adecuadas para animales y plantas. El territorio se fragmenta en una inmensa red de lagunas donde surge una extraña vegetación, bajo una estrella que no se mueve en el horizonte. Un mundo que no conoce ni amaneceres ni ocasos.

Las plantas mordaces, aunque con aspecto vegetal, son en realidad animales que han aprendido a utilizar la luz de su estrella. Con unos diez metros de altura, avanzan por el fango para obtener una buena posición sin que otros le hagan sombra. En un planeta donde el sol siempre está en el mismo lugar del cielo, la lucha por la luz es implacable. El resto de las formas de vida depende de las plantas mordaces. Bajo su sombra acecha el carnívoro más grande de Aurelia, el cerdo engullidor. Es bípedo y mide unos cuatro metros de longitud. Con su largo cuello y ágiles patas, está siempre a la espera de su presa: el lagarto del fango. Este lagarto con sus seis patas y cabeza excavadora tala plantas mordaces con las que crea diques, deteniendo el caudal de los ríos y creando lagunas rebosantes de vida.

Un enorme peligro acecha a Aurelia proveniente de la misma estrella que le da vida. Las enanas rojas son estrellas inestables y producen violentas erupciones solares. En medio de estas erupciones emite un fogonazo de radiación ultravioleta. Ni el lagarto del fango ni el cerdo engullidor sobrevivirían en campo abierto a tal dosis de radiación. Pero el cerdo engullidor está mejor preparado para detectar la radiación. Tiene un tercer ojo sobre la cabeza formado por una membrana muy sensible. Las plantas cierran sus hojas para protegerse mientras los animales corren a refugiarse en sus madrigueras. Minutos después la erupción decae y la vida vuelve a la normalidad en los bosques de Aurelia. En este mundo, iluminado por una enana roja con un tiempo de vida diez veces mayor que nuestro sol, la vida dispone de mucho tiempo para evolucionar.

El telescopio espacial, además de este planeta, ha descubierto otro mundo en la constelación del Cisne, una zona con una gran densidad de estrellas dentro de nuestra galaxia. A unos 50 años-luz de la Tierra se halla un sistema de estrellas dobles. Un gigante de gas mayor que Júpiter y mil veces mayor que la Tierra, orbita en torno a estos dos soles. El planeta gaseoso es violento y carece de vida, pero a su alrededor gira una satélite que posee atmósfera, mares y continentes. Lo han llamado Luna Azul.

El aire de Luna Azul es muy denso, el triple que en la Tierra. Tarda diez días en orbitar a su planeta, por lo que tiene cinco días de luz y cinco de oscuridad. La cantidad de dióxido de carbono es treinta veces superior que en la Tierra, provocando temperaturas cálidas y un enorme desarrollo de la vegetación. El nivel de oxígeno es del 30%, poniendo al satélite al borde de la combustión espontánea. Los rayos desatan frecuentes incendios de dimensiones colosales. La presión atmosférica es muy alta. A un ser humano le costaría muchísimo respirar. El paisaje está dominado por extensos bosques de un kilómetro de altura. Luna Azul es un océano de gas. Toda la diversidad que poseen los mares de la Tierra puede existir en la atmósfera de este extraño mundo. El aire está teñido de una neblina verde, causada por una especie de plancton, en medio de la cual se desplazan ballenas aéreas de diez metros flotando gracias a la densidad del aire. Las ballenas sobrevuelan lentamente el espeso bosque de pagodas. Estas plantas, debido a sus casi mil metros de altura, no pueden obtener agua del suelo sino de la lluvia. Sus grandes hojas circulares se disponen horizontalmente formando lagunas aéreas al recoger el agua de lluvia. En el suelo, a un kilómetro de profundidad, no llega la luz. Son los dominios de carroñeros luminiscentes que se alimentan de lo que cae de arriba.

En Luna Azul la destrucción provocada por los gigantescos incendios es aprovechada por las plantas globo. Amarran sus tentáculos al bosque mientras flotan gracias al gas hidrógeno que producen. Cuando quiere dispersarse para colonizar lugares devastados por un incendio, desprenden su cuerpo globoso para navegar a la deriva transportando sus semillas.

¿Fantasía? Quizá no. Los sistemas gobernados por el caos tienen una creatividad enorme, y los posibles caminos por los que puede desarrollarse la vida son muy variados.

El clima en otros mundos

Si en ocasiones pensamos que en la Tierra sufrimos condiciones meteorológicas adversas, es posible que cambiemos de opinión al conocer lo que ocurre en los demás planetas pertenecientes al Sistema Solar. Los tornados, huracanes, lluvias torrenciales o ciclones que se dan en la Tierra también se pueden encontrar en el espacio, y generalmente con una magnitud difícil de imaginar.

Es evidente que el motor del clima en la Tierra o en cualquier otro planeta vecino es el calor proveniente del Sol. Los fenómenos meteorológicos no son sino el intento de la atmósfera por equilibrar los gradientes provocados por el calor, fundamentalmente diferencias de presión y de temperatura. Una taza de café que se enfría para igualar su temperatura a la ambiental, o un globo que se deshincha para equilibrar la presión interior y exterior, son ejemplos cotidianos de que la naturaleza aborrece los gradientes. Pensando a escala planetaria, las zonas de altas o bajas presiones producen anticiclones o borrascas en el constante intento de igualar las presiones de estas zonas con el aire circundante. Las corrientes oceánicas son vehículos de transferencia de calor desde los trópicos hacia los polos, en una circulación que trata de igualar temperaturas a lo largo del planeta.

En la categoría de los vientos más intensos del Sistema Solar, destacan las corrientes en chorro de Júpiter. En la Tierra existe una corriente en chorro por cada hemisferio, y son estrechos flujos de aire con velocidades entre 250 y 350 km/h que se dan a altitudes entre 9.000 y 11.000 metros, al encontrarse masas de aire provenientes del polo y del ecuador con una considerable diferencia de temperatura. En Júpiter, sin embargo, existen al menos treinta corrientes de chorro relacionadas con las bandas nubosas que se observan en su atmósfera. Rodean el planeta circulando en direcciones opuestas a lo largo de una atmósfera de 1.600 km de espesor, diez veces más que la terrestre. Pero, ¿cómo se producen estas corrientes si Júpiter recibe menos de la cuarta parte de luz solar que la Tierra? Sin duda, el calor es el causante aunque en este caso procede del interior del planeta gigante. Júpiter es trescientas veces mayor de la Tierra y aún intenta desprender al espacio la enorme cantidad de calor que necesitó para formarse. Este calor que irradia para intentar enfriarse se eleva hacia las capas más altas de la atmósfera, alimentando vientos y tormentas colosales. En la Tierra es raro que los vientos superficiales superen los 300 km/h en medio de un huracán. Las corrientes en chorro de Júpiter superan los 500 km/h.

No obstante, lo que ocurre en Neptuno hace que los vientos de Júpiter parezcan ligeras brisas. El Voyager 2 a su paso por este lejano mundo descubrió algo que dejó perplejos a los científicos: indicios de nubes atravesando el planeta a grandes velocidades. Neptuno sólo absorbe un 0,1% de la luz solar que llega a la Tierra.

¿Podían formarse vientos tan lejos del Sol? Pues no sólo se forman, sino que lo convierten en el planeta más ventoso del Sistema Solar, con corrientes de entre 1.600 y 2.400 km/h que rompen la barrera del sonido. Es un auténtico enigma. Aunque Neptuno desprende el doble de calor del que recibe del Sol, no explica estas velocidades tan altas. Una hipótesis sería la falta de fricción que encuentran los vientos en Neptuno, al carecer de una corteza con relieve como la Tierra.

Incluso los vientos de Neptuno están lejos de los que se merecen el número uno de esta categoría. Se pueden encontrar en planetas exteriores al Sistema Solar de un tipo llamado *Júpiter caliente*. Estos exoplanetas orbitan a su estrella más cerca de lo que lo hace Mercurio del Sol, y el intensísimo calor provoca un clima infernal. Reciben unas 20.000 veces más energía que Júpiter de nuestro Sol, que lo lleva a temperaturas de entre 800 y 1.000°C. Su órbita es sincrónica. El tirón gravitatorio de su estrella ha coordinado sus movimientos de rotación y traslación, con lo cual siempre ofrece la misma cara hacia su sol. Esto daría a pensar que su cara permanentemente iluminada debería tener temperaturas elevadísimas, mientras que serían muy bajas en su cara oscura. Sin embargo, las temperaturas en distintos puntos del planeta no presentan grandes diferencias. ¿Cómo es posible? Queda de manifiesto que incluso en los casos más extremos, la naturaleza odia los gradientes y se las arregla para equilibrar las diferencias. Los vientos que se encargan de transferir calor de un hemisferio a otro alcanzan los 9.500 km/h. Esta cifra, más de siete veces la velocidad del sonido, supone atravesar la Península Ibérica, desde Cádiz a Barcelona en ocho minutos, o realizar el trayecto desde Nueva York a Los Ángeles en veinte.

Cambiando de categoría, y aunque parezca difícil de creer, pueden encontrarse tornados en el espacio, y con una magnitud que convierte en irrisorios los que se producen en la Tierra. Existen tornados espaciales de proporciones épicas, creados por vientos y con forma de embudo. Claro está que su naturaleza es muy distinta a los tornados terrestres. En realidad, se denominan *objetos Herbig-Haro* en honor a los primeros astrónomos que los estudiaron en detalle, George Herbig y Guillermo Haro. Estos objetos están asociados a estrellas en formación. El gas expulsado por la estrella en forma de viento solar viaja a velocidades de centenares de kilómetros por segundo, chocando con el gas circundante, lo cual lo calienta y hace que brille. Esto forma un rastro de gas y polvo cósmico parecido a un torbellino que se recuerda al de los tornados en la Tierra. Pero debemos regresar al Sistema Solar para encontrar el ejemplo de tornado más terrorífico.

Venus es un lugar infernal, con una temperatura de 450ºC y un efecto invernadero fuera de control. Nuestro planeta vecino trata de irradiar calor al espacio en un intento por enfriarse pero sin conseguirlo. La tendencia de la naturaleza por equilibrar los gradientes no iba a hacer una excepción con Venus. La consecuencia es una tormenta permanente en el polo sur del planeta. Un doble tornado invertido canaliza el calor desde la parte superior de la atmósfera de Venus hasta la superficie, al revés de como sucede en la Tierra donde el calor asciende por el embudo. Son unos torbellinos gigantescos que además giran uno en torno al otro, tratando de ser lo más eficaces posible en disipar el enorme calor de Venus.

Algo insospechado es que también se puedan presentar lluvias en otros planetas del Sistema Solar, desde luego, muy diferentes a las que estamos acostumbrados. Titán es el único objeto del Sistema Solar que presenta mares como la Tierra, además de ser el único satélite que posee una atmósfera a tener a cuenta. Cuando la sonda Huygens-Cassini llegó a este satélite de Saturno descubrió montañas, cauces y lagos. Tenía el aspecto de una versión desquiciada y en miniatura de nuestro planeta. La temperatura en Titán ronda los 183 grados bajo cero, de manera que lo que fluye por los ríos no es agua, sino metano. Este gas, que debido a la baja temperatura de Titán se encuentra en forma líquida, cumple el mismo ciclo que el agua en la Tierra. Forma nubes de tormenta y cae erosionando el terreno. Las lluvias de metano en Titán no son habituales, pero cuando suceden lo hacen de manera torrencial. Además, a causa de su débil gravedad, veríamos caer las gotas muy suavemente, como a cámara lenta, con la consistencia de un petróleo espeso.

Traslademos la vista a lugares con lluvias más intensas y, sin duda, mucho más letales. En Venus, por ejemplo, llueve literalmente ácido de batería. La alta temperatura de Venus crea constantemente, a unos 50 km de altitud, nubes de tormenta compuestas de ácido sulfúrico. Decir que en Venus hace mal tiempo es quedarse muy corto. Pero los hay peores. Una *enana marrón* es, sencillamente, una estrella fallida que no ha conseguido las condiciones de presión y temperatura para iniciar reacciones termonucleares, mediante las cuales generan luz y calor. Las enanas marrones son capaces de poseer clima, ya que presentan movimientos de convección y condensación como la atmósfera de la Tierra. Sin embargo, aquí la lluvia adquiere otro significado. Con una temperatura de 1.600°C, el hierro se agita en forma de vapor y asciende. Al alcanzar cierta altura, el hierro se condensa generando nubes muy calientes, en torno a 800°C. Las gotas de hierro, atraídas por una gravedad trescientas veces la terrestre, se precipitan hacia abajo a velocidades de 150 km/h, produciendo impactos capaces de deformar el acero.

Para terminar este viaje por los climas del universo, detengámonos en las mayores tormentas localizadas en los gigantes gaseosos, enormes en dimensiones y en duración. La conocida como La Gran Mancha Blanca de Saturno es una colosal tormenta que se forma cada treinta años, sin que sea conocida la causa de esta periodicidad. Cuando ha terminado de formarse, la tormenta llega a cubrir todo el ecuador del planeta. Al carecer de fricción como Neptuno, el desarrollo de la tormenta es imparable, alcanzando escala planetaria.

En Júpiter, Robert Hooke descubrió por 1664 una región más o menos ovalada que se mantenía estable entre las bandas de nubes. Tiene el doble de tamaño que nuestro planeta y recibió el nombre de La Gran Mancha Roja de Júpiter antes de que se supiera que se trataba de una tormenta que había durado, al menos, 350 años.

En definitiva, todos estos fenómenos buscan lo mismo: disipar energía de la manera más eficiente posible. La emisión de calor al espacio, provenga del Sol o del calor interno del planeta, muestra su creatividad buscando caminos muy variados. Lluvias de metano o de hierro, vientos supersónicos, tornados y tormentas que duran siglos se convierten en sistemas complejos que se desarrollan en el borde del caos, con un comportamiento impredecible pero con la suficiente estabilidad para perdurar lejos del equilibrio. Observando la violencia del clima en otros astros, que se encuentran más cercanos o más alejados del Sol que nosotros, se podría pensar que ocupamos un lugar especialmente privilegiado en el Sistema Solar. Y ciertamente hay factores astronómicos que influyen. Por ejemplo, la Luna ha ido disminuyendo la velocidad de rotación terrestre por la fricción de las mareas, haciendo que el clima de la Tierra no sea tan extremo. La distancia de la Tierra al Sol también parece especialmente adecuada para la existencia de agua líquida. Pero incluso ocupando este lugar en el Sistema Solar, nuestro planeta no sería muy diferente del ardiente Venus. Entonces, ¿qué hace la diferencia? ¿Qué ha transformado a la Tierra en el planeta adecuado para la vida? Pues, sin lugar a dudas, la propia vida. Desde las primeras bacterias fotosintéticas, consumiendo dióxido de carbono y liberando oxígeno, el clima de la Tierra cambió para siempre convirtiéndose en la anomalía planetaria que habitamos. La vida es el único sistema complejo capaz de disipar energía de manera eficaz que no poseen los demás planetas. Como consecuencia, ha sido la propia vida la que ha creado las condiciones para sí misma, interfiriendo en el clima terrestre para volcarlo a su favor, liberándolo de las violentas condiciones meteorológicas de otros astros.

Teoría constructal. La otra evolución

En su obra "El relojero ciego", Richard Dawkins afirma que las cosas complejas merecen siempre una explicación muy especial. Queremos saber cómo empezaron a existir y por qué son tan complejas. Es interesante la división en dos grupos que realiza entre las cosas complejas. En uno de los grupos estaríamos incluidos nosotros como seres humanos, los chimpancés, los robles, y hasta menciona los monstruos del espacio exterior. Al otro grupo pertenecerían lo que llama cosas "simples", como rocas, nubes, ríos, estrellas y galaxias. Dawkins divide los sistemas dinámicos en estos dos grupos por lo que difieren en su complejidad. Por ejemplo, un libro de física con todos sus conceptos, leyes, principios y ecuaciones es menos complejo que una sola célula de su autor. Es por ello que, mientras la física estudia las cosas simples que no nos incitan a invocar un diseño, la biología es la encargada de estudiar las cosas complejas que dan la apariencia de haber sido diseñadas para un fin.

Todos tenemos una idea de lo que es una cosa compleja. Tanto un avión de pasajeros como nuestro propio organismo son sistemas complejos, pero no podemos evitar pensar que son niveles de complejidad diferentes. Nosotros estamos dotados de vida y el avión no lo está. Una primera aproximación hacia una definición de lo complejo, aunque sea de andar por casa, puede ser su heterogeneidad, es decir, el estar compuesto de muchas partes distintas. Bien, podría servir. Otro tipo de definición puede ser que una cosa compleja está formada por constituyentes ordenados de una determinada forma, de manera que es improbable que se haya originado exclusivamente mediante el azar. Es razonable. Tan improbable es que un organismo vivo surja aleatoriamente a partir de sustancias químicas mezcladas, como que de un montón de piezas dispuestas al azar aparezca un Airbus A340 listo para volar. El bioquímico y escritor Isaac Asímov quiso estimar las probabilidades de que la hemoglobina (la proteína encargada de transportar el oxígeno a través de nuestra sangre) se hubiera formado por azar. La hemoglobina está formada por cuatro cadenas que contienen 146 aminoácidos cada una. Los aminoácidos son los constituyentes fundamentales de las proteínas, y existen veinte diferentes. Cada uno de estos veinte aminoácidos puede ocupar cualquiera de las 146 posiciones de la cadena, con lo que existen 20^{146} formas distintas de ensamblar la cadena, y sólo una de estas combinaciones es funcional. Es difícil concebir un número tan desmesuradamente grande. Si deseáramos escribir 20^{146} con todas sus cifras, necesitaríamos un papel que pudiera albergar un 1 seguido de 190 ceros (10^{190}). Teniendo en cuenta que el número total de partículas del universo se estima en 10^{80}, se puede comenzar a percibir que se trata de un número descomunal. Incluso un *gúgol*, equivalente a 10^{100} (de donde tomó su nombre el motor de búsqueda en Internet Google), se ve empequeñecido ante esta cantidad. Consecuentemente, para ensayar todas las combinaciones posibles de la cadena de hemoglobina hasta lograr la única válida, es necesaria una cantidad de tiempo enormemente grande, miles de miles de miles de millones de veces la edad del universo. Ante la inmensidad de estas cifras, la conclusión es clara: es imposible que la vida haya surgido por puro azar en los 3.800 millones de años de existencia en la Tierra.

A la vista de la evolución de las especies, se comprueba que la vida tampoco sigue un plan determinado ni previsible. Los seres vivos sufren variaciones en el tiempo que serán o no perpetuadas en función de que la selección natural decida cuáles de esas variaciones suponen mejoras adaptativas para la supervivencia. La vida sigue su camino pero bifurca su trayectoria en momentos inesperados y hacia direcciones inciertas. La vida anda a caballo entre el orden y el azar, recibiendo la dosis justa de cada uno para que el grado de sorpresa permita la innovación en las especies, pero sin caer en el absoluto desorden y la aniquilación. Un tipo de sistemas que no son ni totalmente deterministas ni totalmente aleatorios recibe el nombre de *cadenas de Markov*. Un sistema que se encuentre en un estado, que tenga cierta probabilidad de pasar a otro estado, y que esta probabilidad dependa del estado anterior, es una cadena de Markov. En el cuento "El mago de Oz" aparece un ejemplo al describir el clima de este lugar de fantasía.

> En la Tierra de Oz nunca hay dos días buenos sucesivos. A un día con buen tiempo le sigue (con igual probabilidad) un día de lluvia o nieve. Del mismo modo, si llueve (o nieva), el día siguiente lloverá (o nevará) con probabilidad del 50%, pero si cambia el tiempo sólo la mitad de las veces será un día bueno.

Haciendo una tabla con las probabilidades del tiempo que hará, según como fue el día anterior, tendríamos algo así:

Probabilidad de que
a un día bueno le siga un día bueno -> $p_{bb} = 0$
a un día bueno le siga un día lluvioso -> $p_{bl} = 50\%$
a un día bueno le siga un día con nieve -> $p_{bn} = 50\%$
a un día lluvioso le siga un día lluvioso -> $p_{ll} = 50\%$
a un día lluvioso le siga un día bueno -> $p_{lb} = 25\%$
a un día lluvioso le siga un día con nieve -> $p_{ln} = 25\%$
a un día con nieve le siga un día con nieve -> $p_{nn} = 25\%$
a un día con nieve le siga un día lluvioso -> $p_{nl} = 25\%$
a un día con nieve le siga un día bueno -> $p_{nb} = 50\%$

El clima de la Tierra de Oz, por tanto, no está determinado, pues saber el tiempo que hizo el día anterior no asegura conocer el del día siguiente, pero tampoco es completamente aleatorio pues las condiciones meteorológicas tienen distinta probabilidad de suceder según lo ocurrido el día precedente.

Ese estado en la frontera entre lo determinista y lo caótico es característico de la vida como sistema dinámico, y su autoorganización surge de principios que se han intentado buscar hace tiempo. Uno de estos principios aparece dentro de lo que se conoce como *ley alométrica*. Seguramente, cuando hemos acudido a una tienda para comprarnos calcetines hemos recurrido a un truco para averiguar si son de nuestra talla. Rodeamos con el calcetín el puño cerrado, comprobando si logramos unir la punta y el talón del calcetín. Esta regla funciona debido a que en la mayoría de las personas el contorno del puño cerrado se aproxima muy bien a la longitud del pie. Toda ley alométrica como la que acabamos de mencionar, relaciona el tamaño de partes del cuerpo o cualquier otro aspecto cuantitativo con el tamaño total del organismo, por lo que es una ley de proporcionalidad. Presumiblemente, personas de mayor estatura tendrán proporcionalmente puños de mayor tamaño y pies de mayor longitud.

Desde que son estudiadas mediante datos experimentales, las leyes alométricas (también llamadas *leyes de potencia o de escala*) son capaces de relacionar aspectos muy diversos de los organismos. Por ejemplo, los pájaros pequeños suelen mudar todo su plumaje al menos una vez al año, mientras que aves de mayor tamaño como las rapaces pueden tardar dos o tres años en realizar una muda completa. Este hecho se ajusta bien a una ley alométrica que es capaz de predecir que si un ave con un peso de diez gramos tarda cuatro meses en mudar sus plumas, un ave con diez kilogramos de peso tarda casi un año.

Una de las leyes alométricas más conocidas es la *ley de Kleiber*, propuesta por el químico Max Kleiber en 1932. Esta ley predice que para la inmensa mayoría de los animales, la tasa metabólica (el consumo mínimo de energía del organismo en reposo)

es proporcional al peso del animal (figura 33). La expresión para su cálculo es $T_m = 70 \times M^{\frac{3}{4}}$, es decir, la masa corporal en kilogramos elevada al exponente $\frac{3}{4}$ y multiplicada por 70, da como resultado la energía consumida por el organismo en vatios. Y sí, la gran mayoría de los animales de diferentes especies y tamaños se adaptan a esta ley, como muestra el gráfico de un estudio realizado para mamíferos y aves. Pero la ley de Kleiber aún tendría que dar más de sí. Los ecólogos James Brown y Brian Enquist unieron sus esfuerzos al físico

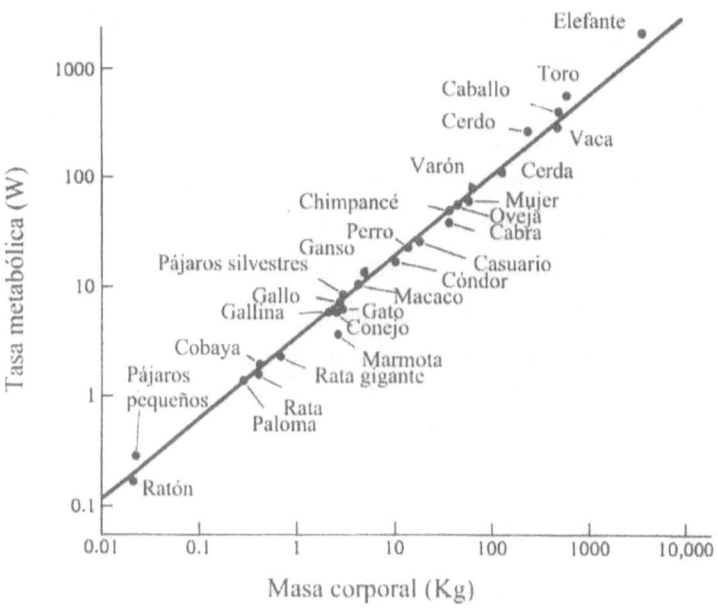

Figura 33. Gráfica de la ley alométrica que relaciona el peso corporal con la tasa metabólica del organismo.

Geoffrey West. Se percataron que esta ley podía hacerse extensiva a los vegetales. Ante el hallazgo, West afirmaba que "es asombroso, porque la vida es quizá el más complejo de todos los sistemas complejos, pero a pesar de ello tiene esta ley alométrica absurdamente simple. Tiene que haber algo universal detrás de todo esto".

En su asombro, el trío de científicos comenzó a darle vueltas al asunto. La relación de Kleiber podría tener que ver con la distribución de alimento y la eliminación de desechos. En todos los organismos, la estructura es muy similar: el sistema circulatorio de plantas y animales es una red de conductos que se ramifica. Partiendo de esta idea, diseñaron un modelo que debía cumplir tres propiedades básicas: La red se dividía una y otra vez hasta llenar el espacio, para llegar a todas las células del organismo. Además, el tamaño de los conductos más pequeños debía ser siempre el mismo, en acorde a las células a las que deben llegar. Por último, supusieron que la evolución había ido ajustando las cosas para que el sistema funcionara de la manera más eficiente posible. Con estas premisas, decidieron que la forma de distribución debería ser fractal, ya que la red de conductos se ramifica repitiendo un patrón de bifurcación, cada vez más ramificaciones y cada vez más pequeñas.

En el caso de los vegetales, el patrón fractal no sólo se observa en su sistema vascular. También aparece en la estructura misma de un árbol, donde un tronco se divide en ramas, que se vuelven a subdividir una y otra vez, hasta formar una densa copa de hojas. Los animales somos fractales por dentro, y los vegetales lo son también por fuera.

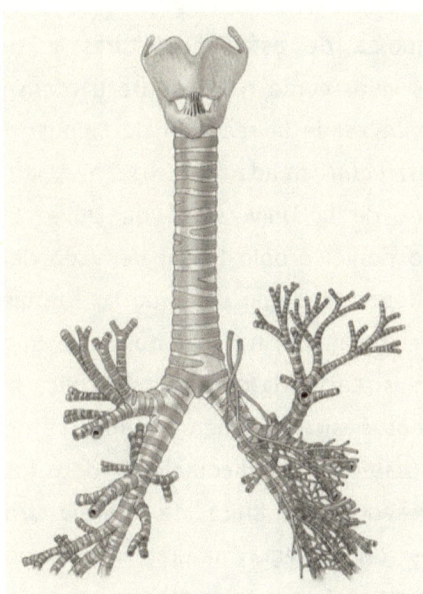

Figura 35. Detalle de las ramificaciones vasculares de una hoja.

Figura 34. Primeras ramificaciones del árbol bronquial.

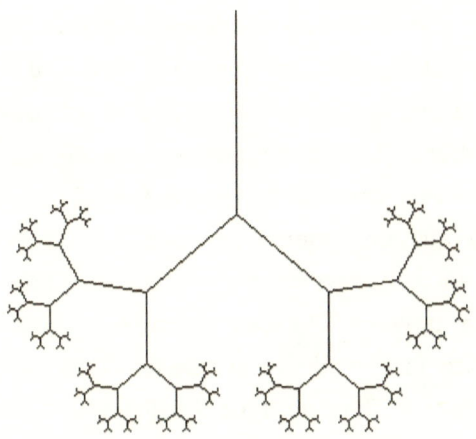

Figura 36. Esquema de ramificación fractal con siete niveles de ramificación.

Uno de los intentos por encontrar el principio o principios que rigen la aparición espontánea de estas estructuras y su universalidad, tanto en sistemas vivos como no vivos (recuérdense las células de Bénard, o las espirales de la reacción de Belousov-Zhabotinski), es la *teoría constructal* creada por Adrian Bejan, profesor de ingeniería mecánica de la Universidad de Duke. El término *constructal* fue acuñado por el propio Bejan, derivado del latín *construere* (construir). Esta teoría, en lugar de imitar las formas de la naturaleza para diseños de ingeniería, trata de buscar lo que dirige la aparición de estas formas. La teoría constructal explica la manera en que ciertos fenómenos básicos pueden organizarse de manera óptima para producir un sistema natural complejo. Todos los sistemas naturales están atravesados por flujos de energía y/o materia. El propio planeta es un sistema natural atravesado constantemente por la radiación solar. Luz y calor que hacen de la atmósfera un sistema dinámico que trata de disipar esa energía procedente del Sol de la manera más eficaz posible, en ocasiones con efectos muy violentos como en la formación de huracanes y tornados. Las formas de la naturaleza, lejos de ser caprichosas o aleatorias, buscan un diseño que facilite el acceso de esos flujos. Un radiador de calefacción, por ejemplo, tendrá un diseño óptimo cuanto más facilite la difusión del calor. El diseño de nuestro sistema respiratorio busca facilitar lo más posible el flujo de aire a los pulmones. En esto consiste la *ley constructal*, fundamento de esta teoría: "Para que un sistema de flujo persista (sobreviva), debe evolucionar en el tiempo de manera que facilite el acceso de los flujos que lo atraviesan". Y este principio es aplicable a sistemas inanimados, como el modo en que se ramifican los afluentes de un río para facilitar el flujo de agua, igual que a sistemas animados, como en el caso del sistema circulatorio de animales y plantas que deben distribuir nutrientes y oxígeno a todas las células del organismo.

La teoría constructal ha tenido bastante éxito en predecir el diseño óptimo de multitud de sistemas. Dicha predicción se basa en encontrar qué diseño es capaz de minimizar las resistencias que el sistema opone al flujo que debe circular a través de él. Pensemos en un agricultor que desea regar su huerta. Requiere un sistema de tuberías que sea capaz de repartir el agua a todos los puntos de la huerta donde sea necesaria. El agua entra en la parcela por una tubería principal y a partir de aquí debe ir ramificándose en tuberías cada vez más pequeñas para lograr el propósito de riego. El diseño óptimo será aquel que minimice el consumo de energía (el agua hay que bombearla) y el coste en tuberías. La cuestión es la siguiente: si se colocan ramificaciones muy anchas para que no opongan resistencia al flujo de agua, el coste de las tuberías se eleva. Si se colocan ramificaciones demasiado estrechas, se abarata el coste del material pero se consumirá mucha energía de bombeo para hacer pasar el agua por conductos tan angostos. ¿Dónde está el equilibrio? Esto es lo que trata de predecir la teoría constructal, no sólo en el mundo de la ingeniería sino también en el mundo natural.

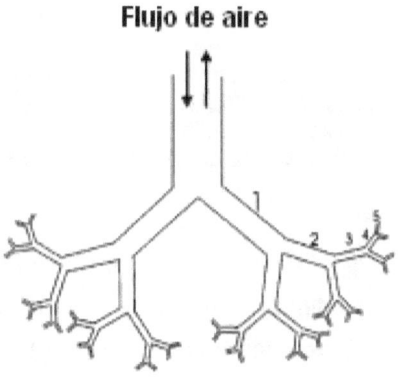

Flujo de aire

Figura 37. Árbol bronquial con cinco niveles de ramificación.

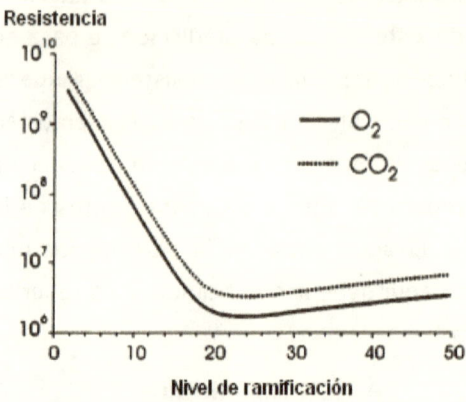

Figura 38. Resistencia al flujo de aire pulmonar en función de los niveles de ramificación del árbol bronquial. La mínima resistencia al paso de gases se alcanza con 23 niveles de ramificación.

En el caso del sistema respiratorio de nuestro cuerpo, la solución de compromiso ha de alcanzarse de manera similar. Un mecanismo, limitado por el tamaño de la cavidad torácica, debe suministrar el oxígeno necesario para todo el organismo minimizando las resistencias. Todo un reto. Si el árbol bronquial tuviera pocas ramificaciones, se opondría poca resistencia al paso del aire, pero al oxígeno le costaría mucho trabajo difundirse a la sangre. Por el contrario, con muchas ramificaciones se facilita la difusión del oxígeno al torrente sanguíneo, pero la resistencia al paso del aire sería muy grande. ¿Cuál es el término medio entre "muchas" y "pocas"? Pues, tratándose de nuestro sistema pulmonar, la teoría constructal predice 23 niveles de ramificación, ni más ni menos, para minimizar las resistencias (figura 38). Y asombrosamente es muy próximo al grado de ramificación que han alcanzado nuestros pulmones a lo largo de la evolución. Considerando como un nivel de ramificación cada vez que en el árbol bronquial aparece una nueva bifurcación, al llegar al número 23 se encontrarían los alvéolos, pequeños sacos donde se produce el intercambio gaseoso entre los pulmones y la sangre. Si el total de los alvéolos de ambos pulmones se estirara en una superficie plana, alcanzaría unos setenta metros cuadrados, un área más que considerable para la difusión de oxígeno al organismo.

La naturaleza trabaja a través de búsquedas que tratan de distribuir las imperfecciones para mejorar la configuración de los sistemas que la constituyen. Esto es particularmente evidente en la evolución de las especies, donde una acumulación de variaciones y mutaciones aleatorias acaba por dar, mediante la selección natural, con la supervivencia de los sistemas vivos mejor adaptados por tener un comportamiento más eficaz en el medio en el que se encuentran. La evolución de los sistemas, vivos y no vivos, no se dirige hacia diseños cada vez más perfectos, sino hacia aquella configuración que reparte las imperfecciones de manera que dificulten lo menos posible su función en el mundo natural.

La teoría constructal destaca que todos los sistemas físicos, animados e inanimados, son capaces de desarrollar autoorganización del mismo modo que la selección natural orienta la evolución de las especies. Una cuenca fluvial (figura 39), por ejemplo, muestra la manera en que se autoorganiza un territorio para drenar el agua procedente de los puntos más altos, que acaban confluyendo en un cauce principal que desemboca en el mar. El terreno cambia constantemente ante la erosión o el depósito de sedimentos, obligando a que los cauces se modifiquen en una búsqueda sin fin para facilitar todo lo posible el flujo del agua hacia los puntos más bajos.

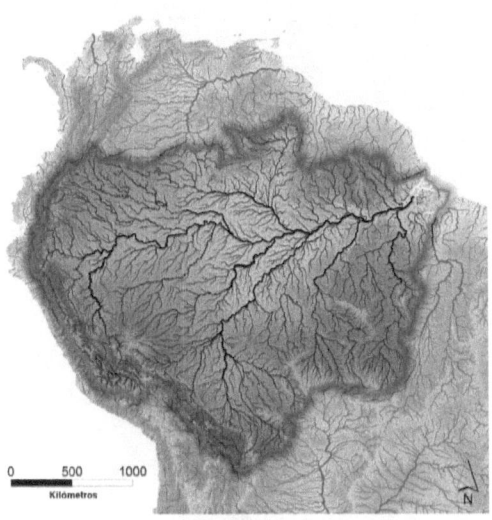

Figura 39. Mapa de la cuenca del Amazonas.

A la hora de conducir fluidos, se podría pensar que transportar líquidos mediante conductos circulares es un invento de la ingeniería como forma idónea de construir tuberías. Sin embargo, la sección circular aparece en los sistemas naturales sin que haya nada que haga predominar esta forma frente a otra. Uno de estos ejemplos es la formación de tubos volcánicos donde surge un curioso fenómeno llamado *autolubricación*. El flujo de lava, como predice la teoría constructal, modifica su estructura para minimizar la resistencia a dicho flujo. Tras una erupción, la mezcla de lavas de diferente viscosidad se dispone en capas, pero pronto cambia para adoptar una configuración que facilita más su movimiento. La lava más viscosa, localizada en el fondo del caudal, va ascendiendo hasta situarse en el centro de la masa fundida, quedando rodeada por lava

de menor viscosidad. Así, la lava más fluida en el exterior hace las veces de lubricante para facilitar el flujo de lava más viscosa en el centro, creando un patrón de tubos de lava concéntricos.

Los fluidos presentan dos maneras de discurrir según la velocidad y la viscosidad del fluido. ¿Quién no se ha detenido a observar el ascenso del humo de un cigarrillo? A medida que se eleva y se va separando del pitillo, el hilo continuo de humo va desdibujándose para transformarse en torbellinos de movimiento caótico (figura 40). Este comportamiento obedece a diferencias de temperatura. En las

Figura 40. Flujo laminar y turbulento en el humo de un cigarrillo.

cercanías del extremo encendido del cigarrillo, el aire se encuentra también bastante caliente. El humo tiene casi la misma densidad que el aire circundante y asciende lentamente en forma de hilo. Sin embargo, a medida que

Figura 41. Torbellinos de von Kármán.

el humo se separa del cigarrillo, encuentra aire más frío con mayor densidad. La diferencia térmica hace que el humo se eleve más rápidamente cambiando su aspecto para formar torbellinos. Estos dos modos de circulación se denominan *flujo laminar* y *flujo turbulento*. En nuestro sistema circulatorio se pueden encontrar ambos tipos de flujo. Por lo general, en todos los vasos sanguíneos la sangre circula en régimen laminar, formando capas planas que se deslizan unas sobre otras. La arteria aorta, por su mayor diámetro, es la única excepción al circular la sangre a través de ella en régimen turbulento. Un caso particular de turbulencia lo constituyen los *torbellinos de von Kármán* (figura 41), que pueden observarse cuando se sitúa un objeto romo (por ejemplo, un cilindro) en medio de una corriente fluida. Al rodear el objeto, el fluido comienza a oscilar creando una senda de torbellinos que van apareciendo alternativamente a un lado y a otro de la dirección del flujo. Los peces aprovechan este fenómeno para propulsarse y lograr, por ejemplo, movimientos con bruscos cambios de dirección y velocidad. Con el movimiento alternativo de su aleta caudal, van creando en el agua su propio camino de torbellinos de von Kármán consiguiendo una forma de locomoción muy eficaz, ya que en cada batir de la aleta crean un nuevo remolino y se apoyan en el remolino anterior.

Este mismo efecto puede observarse en las nubes ante el paso de un avión (figura 42), como consecuencia de la diferencia de presión

Figura 42. Estela de torbellinos de von Kármán generados por el paso de un avión.

entre las superficies inferior y superior de las alas: un efímero sendero de remolinos en el cielo. No obstante, hay casos menos estéticos y con resultados catastróficos. El más conocido corresponde al puente de Tacoma Narrows (figuras 43 y 44), en el estado de Washington (Estados Unidos). Este puente colgante de unos 1.600 metros de longitud no soportaría la prueba que le esperaba el 7 de noviembre de 1940. Ese día, poco antes de las once de la mañana, comenzó a soplar un viento de unos 65 km/h en dirección transversal al puente. Una corriente de aire constante en cuyo flujo se encontraba un obstáculo: el puente. Poco a poco comenzaron a producirse los torbellinos alternados que fueron haciendo oscilar la estructura cada vez con más amplitud, como si de una lámina de goma se tratara. Pasados unos minutos el puente de Tacoma Narrows era un amasijo de hierros y hormigón precipitándose

Figura 43. Vista longitudinal del puente de Tacoma Narrows afectado por torbellinos de von Kármán.

sobre las aguas. A raíz de este suceso, se nombró miembro del comité de investigación al ingeniero Theodore von Kármán, con cuyo nombre se conoce este fenómeno de turbulencia.

Figura 44. Vista lateral del mismo puente mostrando el alabeo de la calzada, provocado por los torbellinos de von Kármán.

Un puente, que había sido diseñado para resistir vientos de 200 km/h, fue derribado con velocidades de viento moderadas debido a una desafortunada casualidad. La frecuencia con la que se producían los vórtices de von Kármán coincidía con la frecuencia natural de vibración del puente, razón por la que sus oscilaciones se amplificaban cada vez más. Recordemos el concepto de resonancia anteriormente mencionado, y el ejemplo de la oscilación de un columpio.

Las leyes alométricas que gobiernan la evolución de los fluidos en el tiempo responden a la misma ley constructal, ya sea en la formación de un tubo volcánico, en las formas que adopta una estela de humo, o en la senda turbulenta de un avión.

La relación entre el tamaño de los órganos y la masa corporal de un individuo es otro tipo de ley alométrica. En este caso, la teoría constructal establece que el tamaño característico de un órgano debe equilibrar la resistencia del flujo que lo atraviese y la energía necesaria que demande como componente del cuerpo del animal. Por ejemplo, cuanto mayor sea el corazón de un organismo requerirá, comparativamente a un corazón más pequeño, menor energía para bombear cada litro de sangre. Sin embargo, un mayor tamaño necesitará mayor aporte de energía por parte del animal para mantenerlo y transportarlo. Debido a esto, un ser que habitara un planeta como Júpiter o Saturno, con una fuerza de gravedad considerablemente mayor, poseería órganos de menor tamaño que los seres de la Tierra.

También se han encontrado relaciones explicadas por leyes alométricas no sólo en lo referente al espacio como en las proporciones de tamaño o masa corporal, sino respecto del tiempo como en el ritmo respiratorio o cardiaco, e incluso en la velocidad con la que los animales corren, vuelan y nadan. En particular, el número de pulsaciones por minuto del corazón, al igual que la frecuencia al respirar, sigue una ley alométrica similar: es proporcional a la masa corporal elevada al exponente $-\frac{1}{4}$.

Esto representado en una gráfica (figura 45) muestra que un animal con un peso en torno a los quinientos gramos movería su corazón a más de doscientas pulsaciones por minuto, un ser humano de unos setenta kilos tendría un ritmo de sesenta, un elefante de tres mil kilos unos veinticinco latidos por minuto, y una ballena azul de cien toneladas apenas alcanzaría las diez pulsaciones. En la locomoción animal sucede algo parecido. Los animales más grandes se desplazan más lentamente y hacen oscilar sus cuerpos y miembros con menor frecuencia. El ritmo de desplazamiento de los animales también se ajusta a una ley alométrica que relaciona el peso corporal con la cadencia al avanzar, y además es cierto no

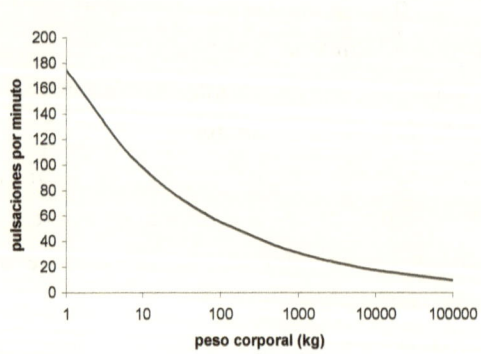

Figura 45. Gráfica de la ley alométrica que relaciona el peso corporal con el ritmo cardiaco del organismo.

sólo para los que se desplazan sobre la superficie terrestre, sino para los que se mueven por el agua y por el aire. Las geometrías de sus cuerpos buscan mover su masa la mayor distancia posible con un gasto de energía determinado.

La característica común a todos los tipos de locomoción consiste en minimizar la pérdida de energía útil debida a la fricción con el terreno, el agua o el aire. Ninguno de estos costes energéticos puede

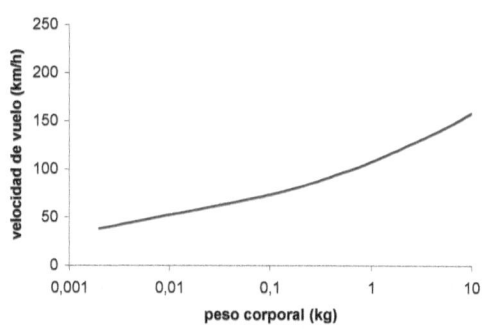

Figura 46. Gráfica de la ley alométrica que relaciona el peso corporal con la velocidad de vuelo óptima de un ave.

ser evitado completamente. Un ave en vuelo consume energía útil mediante dos vías: la primera es la pérdida vertical, debido a que el cuerpo tiende a caer por su peso y el ave realiza trabajo para sustentarse y mantener la altitud de vuelo. La segunda es la pérdida horizontal, que requiere trabajo para avanzar venciendo la fricción del aire. Con el aumento de velocidad, la pérdida vertical disminuye pues se logra más sustentación, pero la resistencia del aire es mayor. Cuando la velocidad disminuye se pierde menos energía por rozamiento con el aire pero es más difícil mantenerse en él. La velocidad óptima según la teoría constructal debe ser proporcional a la masa corporal elevada al exponente $\frac{1}{6}$ (figura 46). Así, mientras un ave de diez gramos de peso tiene una velocidad óptima de vuelo en torno a 50 km/h, la de un ave de cinco kilos se sitúa en 140 km/h.

En definitiva, la teoría constructal trata de predecir la tendencia de cualquier sistema físico a buscar un diseño, una forma de autoorganización que facilite lo más posible el acceso de los flujos que lo atraviesan. En el caso, por ejemplo, de las células de Bénard, el líquido adopta un patrón de celdas para mejorar la transmisión de calor desde el fondo del recipiente hacia la superficie. Si nos referimos a zonas arbóreas, la evolución hacia el estado de bosque maduro persigue disipar el calor procedente del Sol de modo cada vez más eficaz mediante la evaporación de agua. Y si analizamos la ramificación de los sistemas circulatorio y respiratorio de nuestro organismo, su tendencia es la de facilitar todo lo posible la distribución del flujo de sangre y oxígeno, respectivamente.

No obstante, que los sistemas vivos muestren esta tendencia a adoptar la configuración más adecuada no limita en absoluto las variadas soluciones que puede explorar la evolución. La teoría constructal permite predecir el objetivo hacia el que tratan de aproximarse los seres vivos para optimizar el uso de la energía en su metabolismo, en la constitución de sus órganos y en su locomoción. El modo en que las especies se acercan hacia ese objetivo es extraordinariamente variado, transcurriendo por caminos que, tras un acontecimiento catastrófico como una extinción, difícilmente vuelven a repetirse. La evolución no posee esquemas preestablecidos. Simplemente pone en juego potencialidades que, con el paso del tiempo, pueden convertirse en realidades.

La evolución del concepto de tiempo ha resultado clave en la manera en que nos aproximamos al universo para tratar de comprenderlo. De suponerlo cíclico y sin fin, pasamos por considerarlo una ilusión, para convertirlo en flecha. Desde la inmortalidad de las bacterias hasta convertirnos en eucariotas y acabar con la muerte grabada en los genes. El mismo tiempo que degrada y disipa todo a nuestro alrededor, es el que permite a la vida arrancar orden de tanto desorden. En este periplo, hemos pasado de considerar a todos los hombres nacidos iguales, a demostrar que todos los sistemas complejos, vivos y no vivos, somos universales. Desde los primeros pasos de la Termodinámica, la necesidad de comprender la naturaleza y nuestra naturaleza está ligada al tiempo, pues es éste el que da sentido a los procesos irreversibles, y el que permite la evolución de los sistemas complejos.

Schrödinger nos decía que no había manera de saber si su gato estaba vivo o muerto. Hoy sabemos que, esté como esté, forma parte de una evolución donde el caos no es ausencia de orden. Es oportunidad de innovación y creatividad para el universo. La pregunta ¿Qué es la vida? aún alberga muchos misterios, pero comenzamos a darnos cuenta que su aparición sobre nuestro planeta no ha sido tan milagrosa. Lo realmente extraño sería que nunca hubiera surgido.

INDICE ALFABÉTICO

162